APPLICATION OF
SYSTEM DYNAMICS
TO SHIP EMISSION SUPERVISION

系统动力学
在船舶排放监管中的应用

王 征 著

人民交通出版社
北 京

内 容 提 要

本书以系统工程理论为指导，根据国内外船舶排放监测、监管技术最新研究发展动态，从整体上讨论了船舶排放问题，分析政府海事管理部门、航运企业、第三方服务商之间在船舶大气污染物和温室气体排放监管方面的静态和演化博弈过程，梳理了最新的船舶大气污染排放监测技术，构建了基于船舶排放监测监管技术体系。内容涉及国内外船舶排放控制政策研究、系统动力学、船舶排放控制政策政企博弈与仿真研究、船舶排放监管系统三方博弈与仿真研究、船舶大气污染物与二氧化碳排放 SD 模型、完善我国船舶排放监管政策的措施建议。

本书的目标读者群体广泛，包括但不限于政策制定者、航运业界人士、环保组织、学术研究者以及对船舶排放监管技术感兴趣的学生。

图书在版编目（CIP）数据

系统动力学在船舶排放监管中的应用 / 王征著. —
北京：人民交通出版社股份有限公司, 2024.11
ISBN 978-7-114-18910-4

Ⅰ. ①系… Ⅱ. ①王… Ⅲ. ①系船舶污染—大气污染
物—排污—环境监测 Ⅳ. ①X522.06

中国国家版本馆 CIP 数据核字（2023）第 132693 号

Xitong Donglixue zai Chuanbo Paifang Jianguan zhong de Yingyong
书　　名：系统动力学在船舶排放监管中的应用
著 作 者：王　征
责任编辑：高鸿剑
责任校对：赵媛媛
责任印制：刘高彤
出版发行：人民交通出版社
地　　址：（100011）北京市朝阳区安定门外外馆斜街 3 号
网　　址：http://www.ccpcl.com.cn
销售电话：（010）85285857
总 经 销：人民交通出版社发行部
经　　销：各地新华书店
印　　刷：北京建宏印刷有限公司
开　　本：787×1092　1/16
印　　张：8.25
字　　数：148 千
版　　次：2024 年 11 月　第 1 版
印　　次：2024 年 11 月　第 1 次印刷
书　　号：ISBN 978-7-114-18910-4
定　　价：58.00 元
（有印刷、装订质量问题的图书，由本社负责调换）

前　言

在全球范围内，随着人们环境保护意识的提升和气候变化问题的日益严峻，各行各业都面临着转型的压力和挑战。航运业作为国际贸易的重要载体，船舶营运所排放的大气污染物和温室气体对环境造成的影响受到广泛关注。如何有效监管船舶排放，成为政策制定者、航运企业及环境保护组织关注的焦点。

本书旨在通过系统工程理论的视角，深入探讨船舶大气污染物和温室气体排放监管的复杂性与动态性，不仅梳理了国内外最新的船舶排放监测和监管技术，还从静态和演化的角度详细分析了政府海事管理部门、航运企业、第三方服务商在船舶大气污染物和温室气体排放监管方面的博弈过程。

通过构建基于系统动力学的模型，本书尝试为读者展示船舶排放监管的各种可能性和未来趋势，提供一个全面的、动态的分析框架。这些模型不仅有助于理解政策变动对航运业的影响，也能预见不同监管策略下的环境和经济效应。希望本书能为完善我国的船舶大气污染物和温室气体排放监管政策研究提供有价值的参考。

因笔者水平有限，书中难免有错误和不当之处，欢迎各位读者指正。

王　征

2024 年 8 月

目　录

第 1 章

国内外船舶排放控制政策研究

航运是全球运输业的重要组成部分，且其重要性仍在不断提升。我国是航运大国，近年来随着对外开放力度的不断加大，以及"一带一路"倡议的深入推进，我国航运业得到快速发展。2017 年，全球航运货物量达到 107 亿 t，年均增长 4%；我国内河和沿海运输完成货物吞吐量平均达到 47.21 亿 t 和 86.31 亿 t。随着航运业的快速发展，其对大气环境的负面影响也在日益增加。船舶发动机在燃烧过程中会向大气释放各种大气污染物和温室气体[1]，如氮氧化物（NO_x）、二氧化硫（SO_2）、颗粒物（PM）、挥发性有机化合物（VOCs）、黑碳（BC）、二氧化碳（CO_2）。船舶排放带来的大气污染问题逐渐进入决策者和研究人员的视野。

早期研究表明[2]，约 15%的人为 NO_x 排放量和 7%的 SO_2 排放量，以及 3.1%的温室气体排放量是由航运引起的。船舶所用燃料油的平均硫含量较高、油品较低，其在航行期间的 SO_2、CO_2 等排放量较高。同时，船舶排放物的特征是沿着典型航运路线分布，并连接世界各地的港口。根据 Endresen 等[3]的研究，70%（或更多）的国际航运排放量产生在距离海岸 400km 之内；中国沿海地区船舶排放更接近陆地，排放主要发生在距离海岸 200km 以内[4]。另外，对于拥有大型港口的城市，船舶排放物在许多情况下成为城市空气污染的主要来源。

从国际形势来看，控制船舶大气污染物和温室气体排放符合国际社会的减排需求。各国越来越认识到控制船舶大气污染物和温室气体排放的重要性。自 2012 年以来，全球船用燃料油的硫含量被限制不能超过 3.50%m/m，2019 年时这一指标下降到 0.50%m/m。硫排放控制区的限制更加严格，例如北海和波罗的海硫排放控制区，从 2015 年 1 月起，禁止船舶使用硫含量超过 0.10%m/m 的船用燃料。此外，欧盟自 2018 年起进行强制性的 CO_2 排放监测、报告和核查。

从国内发展来看，控制船舶大气污染物和温室气体排放是我国经济社会发展的内生需求。中国特色社会主义进入新时代，生产力不断提高，社会的主要矛盾已发生转化，人民对美好生活和优美生态环境的需求越来越高，生态环境在人民群众生活幸福指数中的权重不断提高，人民群众从"盼温饱"到"盼环保"，从"求生存"到"求生态"，经济发展方式也由早期的"促进经济快速发展"转变为"又好又快发展"，突出一个"好"字，这充分体现出我国社会各界对生态环境问题的重视已经达到了前所未有的高度。人民日益增长的对美好生态环境、绿色健康生活的需求，激发了我国绿色发展的内生动力。

为积极履行国际责任，彰显大国担当，同时为改善人民群众的生存环境，满足人民日益增长的对美好生态环境的需要，国务院近年来先后发布了《控制温室气体排放实施方案》（国发〔2016〕61号）、《打赢蓝天保卫战三年行动计划》（国发〔2018〕22号）等一系列大气污染防治政策方案文件。2015年8月29日，新修订的《中华人民共和国大气污染防治法》（简称《大气污染防治法》）中提出将大气污染物和温室气体协同控制。交通运输部也制定了《船舶与港口污染防治专项行动实施方案（2015—2020年）》（交水发〔2015〕133号），并印发了《珠三角、长三角、环渤海（京津冀）水域船舶排放控制区实施方案》（交海发〔2015〕177号）、《船舶大气污染物排放控制区实施方案》（交海发〔2018〕168号）等文件，要求设立我国的船舶排放控制区，以减少我国沿海和内河区域船舶大气污染物和温室气体排放，缓解和改善区域空气质量。

1.1　我国船舶大气污染的现状及其影响

在工业化和城镇化深入推进的进程中，我国能源消耗持续增长，以煤炭为主的能源结构仍未发生根本性转变，煤炭占能源消费比重约为70%。作为高碳、高污染能源，煤炭在支撑经济社会高速发展的同时，也给我国大气环境带来了巨大压力和隐患。因燃煤产生的 SO_2 排放量占同类排放物总量的75%，NO_2 的排放量占同类排放物总量的85%，NO 排放量占同类排放物总量的60%，悬浮颗粒物排放占同类排放物总量的70%。一方面，以 SO_2、NO_x、可吸入颗粒物为特征的煤烟型污染问题尚未解决且仍将长期存在，同时因臭氧和悬浮颗粒物、细粒子等产生的二次污染问题又接踵而至。目前，我国大气污染特征已从传统的煤烟型污染转变成为两种污染形式结合的复合型污染，且发生频率高、持续时间长、污染态势严峻、影响危害更为广泛。近年来，燃煤生产排放的 SO_2、NO_x、CO_2、悬浮颗粒物及重金属等直接或间接导致的大气污染、公众健康受损等问题日益凸显，严重制约经济和社会的可持续发展，影响人民群众日常生活与身心健康，成为人民关注、政府关切的重要民生问题。

"生态兴则文明兴，生态衰则文明衰"，建设生态文明，关系人民福祉、关乎民族未来。为满足人民日益增长的对美好生态环境、绿色健康生活的需求，必须坚持节约资源和保护生态环境的基本国策，合理开发利用自然资源，防止和治理环境污染。

交通运输是能源消耗的重点行业，对化石能源消耗量大、依赖程度高。航运是全球运输业的重要组成部分，船舶活动量大，随即而来的船舶污染物排放对大气污染的影响不容忽视，特别是在一些船舶流量大的地区，其污染物排放量更是远远超过同期的机动车。

1.1.1　船舶大气污染概述

船舶是在水上移动的人员或货物运载工具。船上发动机通常需要消耗燃油，以产生动力满足船舶驱动及辅助设备运行的需要；船上锅炉通过燃烧燃油，产生热量以满足燃油加温等操作的需要。船上的主机、辅机和锅炉在消耗燃油的过程中，产生多种大气排放物，包括硫氧化物（SO_x），氮氧化物（NO_x），碳氧化物（CO_x），碳氢化合物（HC），颗粒物（PM，包括可吸入颗粒物 PM_{10} 和细颗粒物 $PM_{2.5}$），挥发性有机化合物（VOCs），铅、汞、铬、镉和砷等金属，如图 1-1 所示。

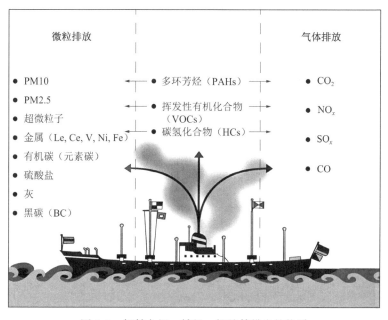

图 1-1　船舶主机、辅机、锅炉等排出的物质

船舶的大气排放物可以看作大气污染物和温室气体两类物质，虽然二者属于不同的大气排放物，但在很大程度上具有同根同源性，都是由发动机、锅炉燃烧化石燃料后将产物排放到大气中，且二者在大气中不断地相互作用和转化，都对人体健康和自然生态环境产生危害，应当对它们的排放加以控制，即大气污染物防治和温室气体减排在理论上具有直接关联。国际海事组织制定的《国际防止船舶造成污染公约》（《MARPOL 公约》）中，附则IV"船舶能效规则"对船舶大气污染物和温室气体排放进行了协同控制。欧盟、美国等也通过立法、制定标准、出台行动计划等形式将大气污染物和温室气体排放进行协同控制。我国关于二者协同效应和协同控制的研究起步较晚，2015 年修订的《大气污染防治法》规定：对颗粒物、二氧化硫、氮氧化物、挥发性有机物、氨等大气污染物和温室气体实施协同控制。这是我国第一次以立法的形式对大气污染物和温室气体提出协同控制的要求。

在船舶大气排放物中，硫氧化物（SO_x）是燃料中硫的燃烧产物，以废气形式排放到大气中，是船舶排放物中比重大且危害严重的气体。其中的二氧化硫（SO_2）能够导致急性支气管炎、哮喘、痉挛甚至窒息等直接危害人体健康的病症，且容易氧化形成酸雨进一步破坏生态系统及自然环境。船舶硫氧化物排放主要取决于柴油机所用燃料的硫含量。

氮氧化物（NO_x）是化石燃料与空气在高温燃烧时产生的各种含氮氧化物的总称，主要包括一氧化氮（NO）、二氧化氮（NO_2）和一氧化二氮（N_2O）。船舶排放的氮氧化物中，NO 含量最高，NO_2 次之。氮氧化物不仅危害人体健康，而且还是导致形成酸雨、光化学烟雾的重要物质。

碳氧化物（CO_x）是燃料中碳的燃烧产物，包括一氧化碳（CO）、二氧化碳（CO_2）等。当燃料燃烧产生碳氧化物后，CO_2 等吸热性强的温室气体进入大气，造成 CO_2 浓度的累积和持续升高，进而导致温室效应，从而引起全球气候变暖等极端天气气候事件。CO_2 排放量主要取决于燃油的质量、是否完全燃烧，以及发动机效率等。

$PM_{2.5}$ 主要来自化石燃料的燃烧、挥发性有机物等，其中船舶排放的一部分气体发生化学反应后也会转化成 $PM_{2.5}$，这些粒子会集聚在空气中，并且吸附有毒有害物质，随着人的呼吸进入体内导致疾病。

1.1.2 我国船舶大气污染物的影响

船舶大气污染物排放总量方面，王征等[4]的研究表明：我国周边近海海域范围由于船舶活动，一年产生的 SO_x、NO_x、PM_{10} 分别约为 87.98 万 t、137.84 万 t、11.73 万 t；排放源分析表明，在船舶的主机、辅机和锅炉 3 种排放源中，主机是主要排放源，主机排放的 SO_x、NO_x、PM_{10} 分别占总体排放量的 61.88%、69.92%、65.98%；航行状态方面，低速巡航状态排放最大，低速巡航状态排放的 SO_x、NO_x、PM_{10} 分别占总体排放量的 48.83%、52.1%、49.24%；船舶排放污染物的空间分析表明，90%的船舶排放发生在海岸线至领海基线外 96n mile（1n mile = 1852m）范围内，即距离陆地 200km 的海域内。

船舶大气污染物排放对空气质量的影响方面，王征等[4]的研究表明：船舶排放对沿海区域 NO_x、SO_2、$PM_{2.5}$ 和 PM_{10} 的年均（2014 年）浓度贡献分别为 5.95%、2.20%、1.46%和 1.41%；船舶排放对空气质量影响时间差异性显著，就 NO_x、SO_2 而言，船舶在 4 月和 7 月的平均贡献约为 10%和 3.5%，在 1 月和 10 月的贡献仅为 2%和 0.93%。

由此可知，我国船舶大气污染物对港口地区空气质量影响较大，有必要利用政策手段对船舶大气污染物排放进行管理。

1.2　国内外船舶大气污染排放控制要求及相关政策

1.2.1　国外船舶大气污染排放控制要求与相关政策

1）国外船舶大气污染物排放控制要求

由于船舶大气污染的危害性，为有效减少船舶大气污染物排放，改善船舶活动密集区域船舶大气污染物排放对民众健康的影响，国际海事组织（IMO）、联合国环境规划署（UNEP）、世界气象组织（WMO）、联合国欧洲经济委员会（UNECE）等多个国际组织及各国政府通过立法、制定国际公约和多种实践形式，积极采取措施控制船舶大气污染物和温室气体排放。

（1）国际海事组织相关要求

国际海事组织作为全球航运业监管机构，一直以来都致力于推动航运业大气污染物和温室气体排放控制工作。1973 年，国际海事组织制定《国际防止船舶造成污染公约》，1978 年又制定上述公约的议定书（《MARPOL73/78 公约》），1995 年在公约原有 5 个附件的基础上增加了附则Ⅵ，并于 1997 年正式通过《国际防止船舶造成污染公约》（《MARPOL 公约》），附则Ⅵ指定了某一区域开展硫排放控制，此后通过对相关公约附则的修订，指定了排放控制区（Emission Control Area，ECA）来进行硫排放和氮氧化物等排放的控制。在《MARPOL 公约》附则VI中，排放控制区定义为需要采取特殊强制措施来管理船舶排放以防止、减少和控制 NO_x 和（或）SO_x 和（或）颗粒物质造成的空气污染的区域及其伴随的对人类健康和环境的不利影响。

2017 年，国际海事组织出台了船舶温室气体减排初步战略，并与 2018 年以第 MEPC.304（72）号决议通过了《船舶温室气体减排初步战略》，这是全球航运业首个温室气体减排战略，在这一文件中，对航运也提出了雄心勃勃的目标：要求 2050 年航运业温室气体排放量较 2008 年至少降低 50%。2019 年，国际海事组织进行第四次温室气体研究，首次将黑碳纳入温室气体研究范围内，并将据此制定后续行动计划。2023 年，国际海事组织通过了《船舶温室气体减排战略》。

现行《MARPOL 公约》附则VI按三阶段提出船舶氮氧化物排放控制标准，如图 1-2 所示。三个阶段分别是：第一阶段限定时间为 2000 年 1 月 1 日至 2010 年 12 月 31 日，控制对象是安装船用柴油机的船舶，适用范围是航行在控制区之外即非排放控制区；第二阶段限定时间和对象为 2011 年 1 月 1 日后生产的船舶，适用范围是非排放控制区；第三阶段限定时间和对象是 2016 年 1 月 1 日之后生产的船舶，适用范围是氮氧化物控制区内。针对不同阶段，都有相应的需要满足的标准，否则将禁止使用。

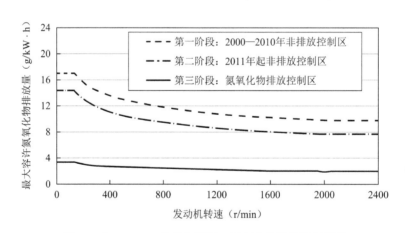

图 1-2 《MARPOL 公约》附则VI氮氧化物排放控制标准

《MARPOL 公约》附则VI关于硫氧化物和颗粒物控制的规则 14 给出了如图 1-3 所示的船上使用燃油的硫含量上限控制标准，在排放控制区范围外的活动船舶，船用燃油硫含量上限自 2012 年起由 4.5%m/m 下降到 3.5%m/m，2020 年起，将进一步下降到 0.50%m/m；进入排放控制区范围的活动船舶，船用燃油硫含量上限自 2010 年 7 月 1 日起由 1.5%m/m 下降到 1.0%m/m，2015 年起，进一步下降到 0.1%m/m。

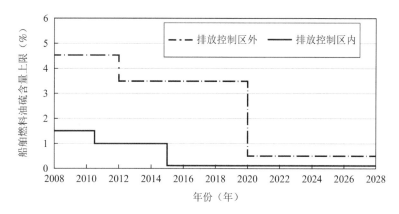

图 1-3　硫氧化物排放控制标准

（2）政府间气候变化专业委员会相关要求

世界气象组织（WMO）和联合国环境规划署（UNEP）于 1988 年共同成立了联合国政府间气候变化专门委员会（IPCC），旨在全面、客观、公开、透明地开展全球气候变化科学评估活动。IPCC 已于 1990 年、1995 年、2001 年、2007 年、2013 年、2023 年完成了 6 次全球气候变化科学评估报告。1990 年 IPCC 发表的第一次全球气候变化科学评估报告成为了此后全球气候变化问题的基石，为相关研究奠定了牢固的科学基础。这份报告的发布也促使了联合国大会加快制定《联合国气候变化框架公约》（UNFCCC）。

1992 年，联合国在巴西的联合国环境与发展会议上签署了《联合国气候变化框架公约》（UNFCCC），旨在将全球温室气体浓度控制在一个稳定水平，并提出发达国家有义务做出表率，为发展中国家提供必要的技术及资金支持。1997 年，由联合国气候变化框架公约参与国签订了《联合国气候变化框架公约的京都议定书》（简称《京都议定书》），它是《联合国气候变化框架公约》的补充条款，进一步明确了发达国家减排温室气体的法律义务，联合国以 1992 年《联合国气候变化框架公约》和 1997 年《京都议定书》，全面确立了规制全球气候变化领域的国际环境法律制度。2009 年，经过漫长的谈判与文本修改，各缔约方签署了《哥本哈根协议》，2010 年又签署了《坎昆协议》。2015 年 12 月，《巴黎协定》诞生，提出要大力减少温室气体的排放。

（3）其他相关要求

1979 年，联合国欧洲经济委员会（UNECE）主持签订的《长程越界空气污染公约》是国际社会第一个关于大气污染，特别是远程跨国界空气污染的专门区域性公约。该公约主要以控制跨界空气污染为目标，内容包括大气质量管理制度、情报交换制度以及协商和合作制度等。1985 年，联合国环境规划署（UNEP）在"保护臭氧层外交大会"

上，通过《保护臭氧层维也纳公约》，首次提出将氟氯烃类物质作为被监控的化学品。1987年，《破坏臭氧层物质管制蒙特利尔议定书》通过，是联合国为实施《保护臭氧层维也纳公约》，防止氟氯碳化物对地球臭氧层继续造成损害，对消耗臭氧层的物质进行具体控制的全球性协定。

此外，美国于 1963 年通过的《清洁空气法案》以及以此为基础提出的相关行动措施，包括 2007 年启动的有关船舶气体排放的单边立法，对船舶气体排放标准进行了具体规定和严格要求。欧盟在 2012 年通过立法修订案，明确提出行驶在欧盟成员国 12n mile 领海或停泊其港口的船舶，执行更严格硫化物排放标准，以达到保护环境的目的。

2）国际船舶排放控制区基本情况

目前，全球设有 4 个排放控制区，分别是 2006 年 5 月 19 日正式启用的波罗的海硫排放控制区（Sulphur Emission Control Area，SECA）、2007 年 11 月 22 日正式启用的北海 SECA、2012 年 8 月 1 日正式启用的北美氮排放控制区（Nitrogen Emission Control Area，NECA）和 2014 年 1 月 1 日正式启用的美国加勒比海 NECA。波罗的海 SECA 是基于其为《MARPOL 公约》附则I界定的防止油类污染的特殊区域而设立的。北海 SECA 是基于其为《MARPOL 公约》附则V界定的防止船舶垃圾污染的特殊区域而设立的。北美 NECA 的设立建议书最初由美国和加拿大于 2009 年 3 月递交给国际海事组织，2009 年 7 月，法属圣皮埃尔和密克隆群岛加入附议，2010 年 3 月，海洋环境保护委员会（MEPC）第 60 次会议接受设立北美 NECA 的建议，通过《MARPOL 公约》附则VI修正案，2011 年 8 月 1 日，《MARPOL 公约》附则VI修正案生效，2012 年 8 月 1 日，北美 NECA 正式启用。美国加勒比海 NECA 的设立建议书最初由美国于 2010 年 6 月递交给国际海事组织，2014 年 1 月 1 日，美国加勒比海 NECA 正式启用。

MEPC 第 71 次会议决定从 2021 年 1 月 1 日起，北海 SECA 和波罗的海 SECA 升格为 NECA，该日期之后新造并进入上述 NECA 运行的船舶，NO_x 排放需要满足《MARPOL 公约》附则VI设定的相应船舶排放控制标准。《MARPOL 公约》下的排放控制区域汇总见表 1-1。

《MARPOL 公约》下的排放控制区域汇总表   表 1-1

排放控制区	控制污染物	提案通过时间	生效日期	实施时间
波罗的海 SECA	SO_x	1997 年 9 月 26 日	2005 年 5 月 19 日	2006 年 5 月 19 日
	NO_x	2017 年 7 月 7 日	2019 年 1 月 1 日	2021 年 1 月 1 日

排放控制区	控制污染物	提案通过时间	生效日期	实施时间
北海 SECA	SO_x	2005 年 7 月 22 日	2006 年 11 月 22 日	2007 年 11 月 22 日
	NO_x	2017 年 7 月 7 日	2019 年 1 月 1 日	2021 年 1 月 1 日
北美 NECA	SO_x、PM	2010 年 3 月 26 日	2011 年 8 月 1 日	2012 年 8 月 1 日
	NO_x			2016 年 1 月 1 日*
美国加勒比海 NECA	SO_x、PM	2011 年 7 月 26 日	2013 年 1 月 1 日	2014 年 1 与 1 日
	NO_x			2016 年 1 月 1 日*

注：*表示船舶建造时间。

1.2.2　国内船舶排放控制要求

我国大气污染防治始于 20 世纪 70 年代，当前关于大气污染防治的立法是 1987 年颁布的《大气污染防治法》。《大气污染防治法》于 1995 年 8 月进行修正，并于 2000 年 4 月、2015 年 8 月、2018 年 10 月进行修订。1997 年，《大气污染综合排放标准》（GB 16297—1996）开始实施，要求严格履行相关国际公约中我国的职责和义务，加强船舶营运环境的规划和管理。除此之外，《中华人民共和国海洋环境保护法》《防治船舶污染海洋环境管理条例》《中华人民共和国气象法》《中华人民共和国环境保护法》等法律法规，对防治船舶大气污染也进行了相应规定。1983 年颁布的《船舶污染物排放标准》（GB 3552—83），对于船舶废污水的排放和垃圾的处置提出了明确要求，但未涉及船舶废气的相关要求。

《MARPOL 公约》附则Ⅵ大气规则于 2006 年 8 月 23 日在我国生效。我国海事管理部门颁布的相关文件对船舶的燃油质量，排放的氮氧化物（NO_x）和硫氧化物（SO_x），以及船舶能效等都提出了具体要求，并组织开展大范围的专项检查，强化对船用燃油质量的监督管理。

目前，我国针对船舶污染物排放的标准主要包括《船舶水污染物排放控制标准》（GB 3552—2018）、《非道路移动机械用柴油机排气污染物排放限值及测量方法（中国第三、四阶段）》（GB 20891—2014）、《船舶压燃式发动机排气污染物排放限值及测量方法（中国第一、二阶段）》（GB 15097—2016）等。其中，《船舶水污染物排放控制标准》（GB 3552—2018）未涉及船舶废气的排放标准；《非道路移动机械用柴油机排气污染物排放限值及测量方法（中国第三、四阶段）》（GB 20891—2014）对功率不超过 37kW 的船舶柴油机排放控制标准进行了规定。《船舶压燃式发动机排气污染物排放限值及测量方法（中国第一、二阶段）》（GB 15097—2016），对额定净功率大于37kW的内河船、沿海船、江海直达船、海峡船和渔业船舶排放污染物排放限值和测量方法进行了规定。

2015年修订的《大气污染防治法》中，明确了大气污染物和温室气体协同控制的原则为：防治大气污染，应当加强对燃煤、工业、机动车船、扬尘、农业等大气污染的综合防治，推行区域大气污染联合防治，对颗粒物、二氧化硫、氮氧化物、挥发性有机物、氨等大气污染物和温室气体实施协同控制。

交通运输部于2015年12月印发《珠三角、长三角、环渤海（京津冀）水域船舶排放控制区实施方案》（交海发〔2015〕177号，简称《部分区域实施方案》），其关键意义在于我国首次设立船舶大气污染物排放控制区，并提出相应的要求。2018年出台的《船舶大气污染物排放控制区实施方案》（交海发〔2018〕168号，简称《实施方案》）在监管范围、监管目标污染物等多个方面进行了升级、强化。

但总体来看，由于起步较晚、基础设施不足等原因，国内对防治船舶大气污染的相关措施和立法研究尚处于起步阶段。

1.3 我国船舶大气污染排放控制区的具体政策

1.3.1 船舶排放控制区背景及意义

随着我国工业化、城镇化的深入推进，能源资源消耗持续增加，大气污染防治压力继续加大，为切实改善大气质量，国务院于2013年发布《大气污染防治行动计划》（国发〔2013〕37号），针对性地提出了减排与控制目标，增强环保督察力度，深化大气环境保护。按照《大气污染防治行动计划》（国发〔2013〕37号）安排，交通运输管理部门应制定相应的政策措施，以加强港口码头和船舶的大气污染物排放控制。为落实上述文件要求，《船舶与港口污染防治专项行动实施方案（2015—2020年）》（交水发〔2015〕133号，简称《专项行动实施方案》）应运而生，该方案旨在规范和强化船舶和港口污染排放治理工作，进一步提升船舶与港口污染防治的能力水平和生态环境质量。

按照《专项行动实施方案》的要求，依照《大气污染防治法》所赋予交通运输管理部门"通过在一定区域内划定船舶排放控制区的手段来对船舶进行控制"的权力，交通运输部于2015年初开始着手制定船舶大气污染物控制相关政策，并于同年12月印发《部分区域实施方案》，首次在珠三角、长三角、环渤海（京津冀）这三片水域设立船舶大气污染物排放控制区，并提出当船舶驶入以上排放控制区域时，应当达到相应的排放标准，力图通过这一措施来改善我国沿海港口城市的环境空气质量，进而推进船舶节能减排技术进度，促进航运业绿色低碳发展。

航运作为一种国际间重要贸易方式，不仅受港口所在国家法律的约束，还应该遵守相应的国际公约。2018 年，国际海事组织通过了降低全球船舶 NO_x 排放的相应提案，提出到 2020 年将在全球水域强制使用更为严格的标准船用燃料油的硫含量的规定。与此同时，欧美很多发达国家和地区对 NO_x 排放的控制要求也提出了更为严苛的标准，如美国加利福尼亚州要求在该区域 200n mile 以内航行的船舶必须满足 NO_x 第三阶段标准。但在我国 2015 年版印发的《部分区域实施方案》中，既没有提及 NO_x 的控制要求，也没有完全覆盖中国周边海域中全部船舶排放密集区域。为此，交通运输部海事局从 2018 年初开始加强研究，进一步调整措施方案，以应对不断严格的国际污染防治要求，同时满足新形势下的国内污染控制需求。同年 11 月 30 日，《实施方案》印发，该《实施方案》是对《部分区域实施方案》的升级和强化，已于 2019 年 1 月 1 日起正式实施。

设立船舶排放控制区，符合《国际法》的相关要求，是履行国际公约的积极行动，彰显了我国负责任的大国形象，体现了我国在船舶减排领域做出的努力与贡献。设立船舶排放控制区，也是贯彻落实国务院《大气污染防治法》和《大气污染防治行动计划》（国发〔2013〕37 号）等法律法规及相关政策文件的要求，是落实国家大气污染联防联控重点区域减排任务、落实绿色海洋发展战略的重要措施和有效尝试，改善沿海区域特别是港口城市区域生态环境、助推产业结构调整。

通过船舶排放控制区的有效实施，倡导发展低硫燃油技术、鼓励船舶清洁能源的使用和发展船舶尾气处理减排技术，逐步淘汰高污染高能耗船舶，助推船舶绿色低碳发展，为我国"一带一路"倡议提供有力的保障支撑。

1.3.2　船舶排放控制区范围及要求

珠三角、长三角、环渤海（京津冀）3 个船舶大气污染物排放控制区涵盖了我国主要港口所在地和主要沿海船舶活动。其中，珠三角船舶大气污染物排放控制区涵盖深圳、广州等 9 个城市及其周边水域；长三角覆盖上海、南通等 16 个城市及其周边水域；环渤海（京津冀）覆盖京津冀地区及大连、烟台等 13 个城市。珠海港、深圳港、上海港、天津港、秦皇岛港等十多个大型港口都涵盖在以上 3 个首次设立的船舶大气排放控制区内，这些港口均处于航运业发达地区。

在确立这 3 个船舶排放控制区范围时考虑了以下因素：一是本着区域港口公平竞争的原则，选择经济发展水平相当的港口划为同一个连片区域；二是体现大气联防联控特点，将长三角、珠三角与环渤海（京津冀）作为重点区域；三是要鼓励有条件的地区先行先试、摸索经验。优先选择船舶大气污染减排需求高，即船舶活动密集的水域，同时该区域又具备一定经济基础，兼顾区域发展与港口船舶活动情况；四是兼顾国际国内相关法律法规及公约条框等内容。

船舶排放控制区政策遵循分步骤阶段化推进原则。在不同实施时间阶段，船舶应该执行相关要求，分阶段落实船舶排放控制区方案目标任务，可以划分为政策实施初级阶段、政策推进强制要求阶段，以及政策实施效益评估阶段。政策实施初级阶段即第一阶段，对于船舶排放的控制以鼓励为主，鼓励有条件、有意愿的地区在船舶停靠港口期间使用低硫燃油，燃油标准为硫含量 ≤ 0.50%m/m，这一标准远高于现在执行的排放要求，这一阶段鼓励有能力的港口先行先试，起到表率示范作用。经过了适应期和政策执行摸索期后，进入政策推进强制要求阶段（第二阶段），对船舶排放标准的适用范围从核心港口区扩大到排放控制区所有港口区域，再扩大到整个排放控制区全范畴，第二阶段分 3 个时间节点（2017 年、2018 年、2019 年）三步走，要求船舶在排放控制区停靠期间，使用低硫燃油且燃油标准为硫含量 ≤ 0.50%m/m，这个阶段不仅从管理角度变激励为强制，更是不断提高控制范围和管理要求。同时，《实施方案》还提出了一系列的替代措施，以防"一刀切"管理，例如船舶可使用岸电、清洁能源以及加装船舶尾气处理等替代措施，均可实现排放控制效果。第三阶段为实施效益评估阶段，海事管理部门紧跟船舶排放控制区政策的推进落实，加强对政策措施实施效果的反馈评估，并在此基础上，不断优化改进，确定更为切实可行的严格控制标准和行动措施，包括提高燃油质量标准，要求船舶进入排放控制区使用更加环保高质的燃油，合理确定硫含量标准，以及探索研究逐步扩大船舶排放控制区的范围等。

政策效果评估结果显示，船舶排放控制区政策的实施有效地减少了区域内船舶所排放的二氧化硫总量，进而减少了港口城市中硫氧化物含量。为了应对国际国内新形势，2018 年 11 月 30 日，交通运输部在研究论证的基础上，发布了《实施方案》，该方案是对《部分区域实施方案》的改进、升级与完善，在珠三角、长三角、环渤海（京津冀）这三个排放控制区的基础上，将控制范围进一步扩大至全部沿海与部分内河区域，这样就创造了相对公平公正的航运环境。于此同时，对进入海南附近水域的船舶提出更高的标准，要求船舶使用硫含量不高于 0.10%m/m 的燃油，对海南水域所提出的这一要求达到了船舶大气污染控制中的最高要求，也是助力海南生态文明试验区建设的有力措施。

针对国际国内船舶管理方面，《实施方案》增加了内河船舶排放控制区，将长江干线的部分水域和西江干线的部分水域划定为内河控制区，进一步加强了与人们生活息息相关区域的水源管理。《实施方案》提前一年执行使用《MARPOL 公约》中 0.50%m/m 低硫含量燃油的要求，体现了我国在污染防治方面的魄力。

同时，为进一步切实推进船舶排放控制区等相关政策的实施，强化船舶燃油质量和大气污染物排放监督管理，交通运输部海事局发布《关于规范实施船舶大气污染物排放控制区监督管理工作的通知》（海危防〔2018〕555 号），有针对性地提出了更加细化、更具操作性的计划安排。

1.3.3 国际与国内排放控制区的区别及联系

在建立我国排放控制区时，研究人员充分梳理和借鉴了国际排放控制区的先进经验和做法，二者在设定的基本思路和原则上有着一致性，但也存在以下三方面区别。

一是二者在设立程序上有所不同。国际上现有的 4 个排放控制区，在设立流程上是报请国际海事组织批准的，而我国设立的排放控制区是我国政府依法设立。

二是二者在设立范围上有所不同。这里的范围不同是指范围划定的原则不同，国际排放控制区区域范围不仅包括本国领海，有的控制区范围已经超过了自己国家的领海，北美排放控制区涵盖距离海岸线 200n mile 范围的周边水域，进入经济专属区，而我国的排放控制区范围仅限于我国领海区域范围内。

三是执行标准不同。国际上 4 个排放控制区按照国际公约要求执行船舶燃油硫含量不超过 0.1%m/m 的标准，我国现阶段要求是船舶燃油硫含量不超过 0.5%m/m。

1.3.4 排放控制区监督监管方式

为落实《实施方案》，交通运输部海事局发布《关于规范实施船舶大气污染物排放控制区监督管理工作的通知》（海危防〔2018〕555 号），供执法时参考使用，主要监管内容有：

一是船舶换用低硫燃油的检查。核查船舶换油起止日期、时间和船舶经纬度等信息记录是否完整规范；核查换油起止船舶位置、燃油硫含量及低硫燃油使用量是否满足控制区要求；核查每一燃油舱中燃油的存量记录完整性、规范性等。核查燃油供受单证等情况，记录使用的燃油是否符合要求标准等。

二是替代措施的检查。对于使用岸电的船舶，核查船舶轮机日志中的岸电使用起止时间记录是否完整规范。确定岸电使用起止时间是否满足控制区要求；确认船舶是否具备使用岸电的条件等。对于使用清洁能源的船舶，核查船舶防止空气污染证书是否备注该船舶使用清洁能源。其中，对于双燃料动力船舶，应核查换用燃料时间记录是否完整规范；核查换用燃料时的船舶经纬度记录是否完整规范；确定换用燃料时的船舶位置是否满足控制区要求；核查清洁能源和燃油的使用量记录是否完整规范等。加装尾气处理装置的船舶，则需要核查记录的尾气后处理装置使用起止时间记录是否完整规范；核查装置使用起止时的船舶经纬度记录是否完整规范；确认装置使用起止时船舶位置是否满足控制区要求；核查是否持有尾气后处理装置产品相关证书以及是否在船舶防止空气污染证书有相应的签注等。

三是处罚措施。使用不符合标准或者要求燃油的船舶、船舶采取替代措施未满足排放要求的，依据国际公约或我国法律法规等相关规定，依据情节轻重程度，采取纠正违规行为、警示教育、滞留等不同措施。

1.3.5 我国船舶排放控制政策执行中存在的问题

为控制船舶大气污染物和温室气体排放出台了系列政策措施，在政策推行和具体执行中面临不少阻力和障碍，在成本控制、油品供应、替代措施、监管手段等方面还存在一些问题。主要包括：

一是航运企业成本将逐步增加。各地航运企业对于保护大气环境、减少大气污染排放表示支持，但由于航运市场不景气，对使用低硫燃油带来的航运成本增长表示担忧。

二是合规低硫燃油的供应预计存在缺口。国内供油企业出售的内贸燃料油主要对中石化、中海油等炼油企业所生产的原料进行调和，部分炼油企业原料硫含量较低，可调和出硫含量低于 0.5%m/m 的低硫燃油，而部分炼油企业原料硫含量较高，难以调和出低硫燃油。若炼油企业直接生产低硫燃油，则需改造工艺流程，增加脱硫工序，且需要安排单独的储运系统，生产成本将大幅增长。经济效益较低甚至可能出现亏损，因此企业缺乏生产的积极性低硫燃油，同时在政策制度层面，相应的排放控制区低硫燃油供应保障机制尚不完善，难以有效对低硫燃油供应端进行有效约束和管理。

三是替代措施推广面临较大瓶颈。使用符合标准的低硫燃油是有效降低船舶大气污染物排放的重要措施，与此同时，大力鼓励推广使用岸电、液化燃油气等清洁能源，安装船舶尾气处理设施等替代措施,实现减少和降低船舶大气污染物和温室气体排放的目标。然而在靠港船舶使用岸电方面,由于岸电供售和收益机制尚未建立,设施建设成本高、经济效益差、扶持政策力度不够等,导致岸电使用推进缓慢。在液化天然气(LNG)方面,存在社会认可度不高、经济优势缺乏、政策扶持力度不够等,致使 LNG 的推广应用难以开展。在船舶尾气处理方面,船舶改造设备成本高、改造空间有限、洗涤水排放标准严格以及船员工作强度增大等,是尾气后处理措施不被航运企业认可的重要原因。上述问题导致了替代措施推广难度大,故使用合规低硫燃油仍是现阶段船舶减排的主要方式。

四是海事监管缺乏高效执法手段。目前我国对船舶大气污染物监测手段几近空白,海事管理部门普遍缺少高效、便捷、快速、准确的燃油硫含量检测和船舶尾气遥测监测手段,不能对船舶尾气进行监测并筛选重点嫌疑船舶,无法有力支撑一线海事管理部门的执法行动。政策实施初期,一线海事监管检查工作人员主要是对燃油加注单等资料进行文书检查,或随机选择船舶抽取油样送有关检测资质单位检测,这些检查方法都耗时费力,存在以下几方面不足:一是只能检查少数有限的船舶,不能达到监管要求和目的;二是样品化验速度缓慢,平均 3~5 个工作日才能出检测报告,此时船舶通常已完成装卸作业离港,错过了执法时机;三是需要投入大量人力物力财力,行政成本偏高;四是缺少相应技术手段和能力开展港区外跟踪检查和监管,导致船舶在港期间使用合规燃油,但在驶离港口后使用不合规燃油,超标排放大气污染物。目前,国外有相对较为成熟的船舶大气污染监测技术及设备,但国内相关的设备研发与技术服务商较少,监测技术与服务系统仍处于实验阶段,如:交通运输部天津水运工程科学研究院分别在常熟、东莞开展了基于固定站的遥测实验研究工作;交通运输部水运科学研究院分别在惠州、天津、上海开展了岸基光学遥测、岸基固定站、无人机联合监测实验研究工作。

1.4　研究现状综述

本文主要研究船舶大气污染物和温室气体排放的监管问题,以及海事管理部门与航运企业之间的监管博弈以及相应的策略机制,研究运用的研究技术方法主要包括博弈论和系统动力学。因此,主要从两个维度开展研究进展综述,一是基于研究对象相关研究的梳理,二是基于研究方法在相关领域应用的梳理。具体包括以下几方面的内容：船舶大气污染物和温室气体的排放控制问题研究综述、博弈论在环境污染及治理领域的应用综述、系统动力学在环境相关领域的应用以及其他相关问题研究综述。

1.4.1 船舶大气污染物和温室气体排放控制

航运业快速发展的同时，船舶排放引起的大气污染问题也日益严峻，已成为大气污染的重要来源之一，船舶大气污染物和温室气体排放控制问题越来越受到国内外研究学者的关注。近年来，研究的主要方向集中在能源清单的计算、排放因子的测试、船舶低碳技术创新等基础研究，污染指标评价研究，国内外法律法规研究以及治理措施对策研究等方向。

（1）船舶大气污染治理

付洪领[5]介绍了我国内河船舶排放现状，提出加快立法、加强监管、技术创新等措施。彭传圣等[6]分析了减少船舶大气污染物排放的政策工具适用条件及应用效果，提出适合我国不同局部地区的大气污染排放控制政策工具。彭传圣[7]分析了国际控制船舶大气污染物排放政策措施及经验，提出我国进入实施控制船舶大气污染物排放强制性政策措施阶段。史湘君[8]梳理了防治船舶大气污染法律法规、现状问题，提出降低船舶和港口污染对策建议。方平等[9]认为燃料和发动机类型以及燃烧情况等是污染物排放的重要因素，梳理了不同污染物的控制技术原理，提出船舶尾气多种污染物协同控制是船舶排放达标的有效措施。鲁罗兰[10]提出了降低船舶污染物和温室气体排放的政策方案，对低硫燃油政策和岸电政策进行比较研究，分析采用不同政策下海事管理部门的成本与收益。文元桥等[11]构建了区域船舶废气减排动力学模型，分析影响因子间的相互作用，并进行模拟仿真不同情境下船舶废气排放和航运经济收益的变化趋势。王小亮[12]针对NO_x、SO_x、PM 三种污染物，提出内河船舶污染排放关键技术和控制方案措施。王芹等[13]基于博弈论，建立两个港口间的船舶大气污染治理博弈模型，对合作与不合作治理的收益进行定量分析，提出减少船舶大气污染排放的政策建议。刘振兴等[14]基于排放控制区政策，针对我国船舶大气污染措施实施的主要瓶颈，提出对策建议。卢志刚等[15]分析了船舶排放主要污染物成因及危害，提出了严格执行标准、提高燃油品质、发展清洁能源、推广岸电使用等政策建议。王延龙[16]模拟了不同时空下船舶排放对沿海区域空气质量影响，针对船舶排放清单不确定性的问题，对模拟结果带来的影响进行量化分析，分析我国船舶排放的控制情景，模拟评估其减排效果。李彦敏[17]分析了船舶污染物的危害、防治、管理措施以及存在的问题，提出船舶防止污染政策建议。柯淑珠等[18]从船舶排放贡献率、排放控制标准要求、治理存在问题等方面进行梳理，提出我国船舶大气污染防治建议。

（2）船舶温室气体减排

张爽等[19]研究了国际航运业温室气体减排措施及现状，分析了船舶温室气体减排立法对我国航运业的影响并提出了参考建议。陈志[20]从履行国际公约角度，分析了船舶温室气体排放国际公约及相关要求对我国航运业造成的影响，提出了我国船舶温室气体减排策略。陈玮[21]分析了航运船舶温室气体减排国内外形势及发展趋势，结合我国航运业实际提出了船舶温室气体减排应对措施建议。林浩然等[22]分析了 SO_x、NO_x 和碳排放控制措施，从政策、技术、营运、市场机制等方面提出了减少船舶温室气体排放对策建议。陈影[23]分析了我国航运业低碳发展系统中不同减排措施，利用系统动力学对降低航速、改善能源消费结构和征收碳税这三种减排路径进行仿真模拟，提出了减排途径的措施方向。里玉洁等[24]结合我国航运业特点，研究了适用于我国航运企业开展船舶碳排放监测、报告和核查（MRV）的技术体系以促进船舶节能减排。胡琼等[25]研究了国际海事组织所通过的《船舶温室气体减排初步战略》，分析了该战略的实施对我国的影响并提出对策建议。

（3）船舶大气污染排放物及其影响

邢辉[26]建立了航运燃油消耗和废气排放测算模型，提出建立船舶运营数据监测报告收集和验证机制。李成[27]建立了我国非道路移动源大气污染排放清单估算模型，分析其组成、贡献量、时空分布、排放趋势等特征，模拟排放对空气质量的影响。王征等[4]采用动力法估算中国沿海区域 2014 年的二氧化碳排放清单，分析不同船舶状态下的排放特征，并构建空间排放特征图，提出船舶主机是主要排放源，并得出低速巡航排放量最大的结论。肖笑等[28]通过样本采集收集，分析研究内河船舶大气排放因子及特征，确定内河船舶 $PM_{2.5}$ 排放组成。樊志远等[29]分析了船舶低碳技术发展现状，提出船舶总体优化、动力改革等低碳技术发展重点方向。

（4）船舶大气污染评价指标

张雪[30]分析了我国船舶减排的政策目标，选取 NO_x、SO_x、CO_x 作为主要评价因素，构建了船舶大气污染物评价模型，对船舶大气污染进行综合评价。洪文俊等[31]从技术性、经济性、环境影响三方面构建船舶大气污染物控制技术的评价指标体系。常敬洲等[32]分析了我国船舶大气污染物排放时空特征，结合海事执法监管需求，提出我国船舶污染监测多层指标体系。

（5）船舶大气污染和温室气体排放法律法规

侯宇[33]分析了船舶大气污染规制的必要性，梳理国际框架公约要求和国际防治船舶大气污染举措，剖析了我国船舶大气污染规制在立法、执法环节存在的问题，提出强化立法、部门联动、跨区执法、制定清单等政策建议措施。袁雪等[34]梳理了船舶排放的大气污染物和温室气体排放协同控制领域国内外相关法律法规，提出中国船舶大气排放协同控制法律法规的路径选择及政策建议。李慧等[35]分析了海运温室气体减排立法现状及对我国影响，结合国外相关立法经验对我国海运减排立法提出路径建议。

1.4.2　环境治理的系统动力学

环境污染治理是一项系统工程，具有长期性、复杂性、动态性、综合性等特征。系统动力学是研究复杂系统信息反馈的一种有效计算机仿真方法[36]，被广泛应用于经济、社会、生态、能源、管理等多个领域复杂系统的模拟研究，其中水土资源、生态系统、环境保护、人口、能源、区域发展、战略规划等都是系统动力学应用研究的热门领域。

王继峰等[37]构建了城市交通系统的系统动力学模型，分析了城市交通采用不同的发展政策，对城市发展和交通系统的影响并提出了政策建议。张建慧等[38]构建了低碳交通系统动力学模型，描述各因素之间复杂的影响关系，认为机动车保有量和城市人口的增加是城市碳排放的重要因素。魏淑甜[39]构建了二氧化硫排放权交易政策效应的系统动力学模型，对政策的环境效应、经济效应及其对人体影响进行仿真，提出二氧化硫控制措施建议。李阳等[40]从人口、经济、环境的视角构建了水污染问题的系统动力学模型，并以南京为例进行模拟仿真。赵越[41]基于系统动力学建立了农业非点源污染控制政策效应评价模型并进行动态模拟，从立法、教育、环境建设三方面提出控制农业非点源污染排放总量、提高农业非点源污染控制政策效率的政策建议。关华[42]构建了能源—经济—环境系统运行的仿真模型，结合不同情境进行模拟，确立了能源—经济—环境系统可持续发展优化策略方案。秦翠红等[43]构建了三峡库区流域水污染控制系统动力学模型，对不同情境下发展模式进行仿真模拟，提出三峡库区流域经济社会和环境可持续发展模式。荣绍辉等[44]基于系统动力学建立了水污染控制系统模型，模拟并分析比较了不同控制方案下水污染排放量和污染程度，提出工业、生活、农村综合治理措施。唐建荣等[45]基于二氧化碳排放总量约束条件，构建了碳排放强度的系统动力学模型，对影响排放强度的因素进行分析，提出减排对策建议。贺芬芳[46]基于系统动力学方法，构建了包括货运、经济、能源、环境4个子系统在内的低碳交通运输系统模型，模拟技术手段、减排结构、碳税政策等要素对交通运输业货运碳排放的影响。罗冬林[47]研究了区域大气污染地方政府合作治理的影响因素，分析了动力、信任、权力及利益分配四种机制，从宏观、中观、微观三个层面提出我国区域大气污染地方政府合作网络治理的政策措施与对策建议。周雄勇[48]构建了福建省节能减排的系统化模型，分析了政策、经济、人口、科技、能源、环境等要素影响，并进行政策仿真与实证分析，提出了节能减排政策组合的优化策略建议。魏贤鹏等[49]应用系统动力学原理建立了城市交通污染气体排放模型并进行政策仿真，提出发展新能源汽车、缓解城市交通拥堵是减少城市空气污染的重要措施。吴萌[50]建立了城市土地利用碳排放系统动力学模型，探讨土地利用碳排放变化及影响因素，分析城市经济、土地利用与碳排放系统间的关系及机理，模拟分析了武汉市土地利用碳排放系统变化，提出城市可持续发展的土地利用碳减排对策建议。李智江等[51]采用系统动力学构建北京经济、能源、雾霾耦合作用的雾霾治理系统，并对雾霾治理措施效果进行动态仿真预测，认为优化能源消费结构，控制机动车相对保有量是北京雾霾治理的关键。刘魏巍等[52]采用系统动力学构建了浙江省物流业碳排放模型，从降低单位能耗、加大环保投资等方面进行政策仿真模拟，提出推动低碳物流发展的策略建议。侍剑峰[53]构建了基于经济、人口、能源、水泥、政策和环境子系统的中国碳排放峰值系统动力学模型，预测 9 种情境下碳排放总量和人均碳排放峰值，并提出中国减排发展低碳模式的应对策略。敬爽[54]利用系统动力学构建了区域大气污染协同治理共生体系统模型，分析影响区域大气污染系统协同治理的因素，模拟大气污染协同治理下的区域大气污染变化趋势，提出建立区域大气污染协同治理机制，能有效改善区域大气环境。

1.4.3　博弈论和系统动力学结合在环境治理中的应用

博弈论是研究决策主体行为相互作用时的决策以及决策的均衡问题。在经济学中，主要研究个人或组织之间发生利益冲突，决策主体在一定规则约束下，依靠掌握的信息，对策略行为进行选择并加以实施，取得相应结果或收益的过程。目前，博弈论已被广泛应用在各个领域，博弈论是社会科学，在现代经济学中具有非常重要的地位和作用。从经济学的角度来看，环境资源是公共物品，产权关系并不是很明确，这导致环境资源在使用过程中出现不经济的现象，并且导致一系列的环境污染问题。船舶大气污染物和温室气体排放的监管问题产生的根源正是由于环境资源的外部不经济性质。

在环境治理问题上，海事管理部门、航运企业、第三方监管技术服务商（简称"第三方服务商"）、公众各自代表不同的利益，决策主体不仅需要考虑自身的利益，还要考虑其他方面的利益，因此决策主体之间相互影响、相互制约。将博弈方的决策行为通过量化形式表达，表示各方的收益及彼此之间的支付关系，更加清晰地体现出博弈参与者间的影响与制约关系。

基于系统动力学的特性，计算机仿真模拟可以为解决海事管理部门与航运企业之间各种监管问题提供更简单、更直观的方法。一些学者将这一技术方法与博弈论相结合，用以描述演化博弈的动态特性，为博弈过程中的策略选择和影响因素提供仿真平台，是研究信息不完全条件下动态博弈复杂演化过程有效的辅助分析方法。

Kim 等[55]使用系统动力学建模，模拟执法者与违法者之间的混合策略动态博弈模型，分析博弈过程的动态行为，揭示了纳什均衡背后隐藏的动态过程，同时也对传统静态博弈模型分析的结论与现实中存在的矛盾现象作出了的合理解释。郑士源[56]基于系统动力学，通过仿真方法解决了信息完全和信息不完全的情况下微分博弈的均衡策略，将微分博弈转换为博弈的矩阵形式，从而便于找到博弈参与者的均衡策略。Petia[57]等人使用系统动力学建立了双寡头博弈模型来描述两个竞争对手之间的关系。仿真结果表明，在一定的参数变化条件下，系统将具有霍普夫分歧，系统收敛到一个有限循环，也可能出现类周期和混沌等复杂行为，并非出现常规的均衡收敛。蔡玲如[58]围绕环境污染管理过程中海事管理部门和航运企业间的管理，利用系统动力学构建政企间混合战略重复博弈模型，并进行仿真模拟，提出双重惩罚策略以有效改善环境污染问题。蔡玲如[59]分析了海事管理部门和航运企业间的监督博弈演化过程，构建了海事管理部门与航运企业间混合战略博弈的系统动力学仿真模型，研究了博弈的动态性和稳定性控制，分析了惩罚策略等不同环境政策对博弈过程的影响，并提出优化惩罚策略的结构模式。殷情[60]利用系统动力学建立海洋污染模拟与决策支持系统模型，进行模型验证和仿真分析，运用博弈理论分析海事管理部门和航运企业的博弈行为，提出海洋控制污染的对策建议。翟惠琳[61]基于系统动力学和博弈论，建立了海洋陆源污染总量控制系统仿真模型，以及海洋陆源污染主体与监管主体博弈模型，提出控制海洋陆源污染物总量最优方案。张勇[62]从社会经济环境三方面分析了影响污水治理企业可持续发展的因素，构建城市污水系统动力学模型，以及污水治理企业可持续发展动力学模型，并模拟不同政策下污染治理企业可持续发展状况，提出优化措施。常建伟[63]构建了海事管理部门、航运企业和公众间的三方博弈模型，利用系统动力学模拟演化博弈过程，提出优化的动态惩罚控制和动态奖惩控制措施。王伟[64]结合土地重金属污染防治过程，建立了中央政府、地方政府、企业和公众不同主体之间的演化博弈模型，分析演化博弈过程与博弈稳定策略及影响机制，提出促进土地重金属污染治理的规制策略建议，并利用系统动力学仿真分析进行验证。

1.4.4　国内外研究存在的问题

通过对国内外船舶大气污染物和温室气体排放控制相关领域研究状况的回顾，现状研究还存在以下问题。

（1）国内外学者对船舶大气污染物与温室气体减排规制监管研究几近空白，这主要是跟该政策初设目的有关，现阶段该主题的研究主要集中在排放控制区设置的必要性、国内外船舶排放控制政策法规梳理等方面，对于船舶排放政策实施效果、存在问题、解决对策还需要进一步深入研究。

（2）国内外对环境污染治理的必要性、监管的有效性等方面已有不少研究，从现有的研究可以看出，政府监管对环境污染防治具有重要意义。学者们针对工业污染、城市交通、区域大气防治、水域河流污染等不同领域的监管问题提出了一些宏观的控制策略，但这些研究大多没有采用定量化分析，在考虑到各种战略互动和可能的反馈机制下的准确反映多方博弈情景模型的构建方面还需进一步深入研究。

（3）现有环境治理相关研究中大多会对于博弈参与方达到的均衡解进行分析，但少有研究分析达到均衡解的过程，忽略了博弈过程中参与方的动态选择和选择动机；且部分研究对于博弈参与方的前提假设是"完全理性"和"共同知识"，这与实际情况不符，这就要求更新假设条件，构建更加接近实际情况的监管博弈模型。在实际船舶大气污染物与温室气体减排监管博弈过程中，管理方一般采用随机筛选方式进行检查，其监管也不是完全理性行为，同时也不知道监管目标的状态和动机，其策略是随机性的，只有随着时间的推移，在不断了解监管目标动态的基础上逐渐进行策略改变，其策略选择是动态变化的，呈现出复杂性、动态性、演化性的特性，因此，能够揭示规制问题中海事管理部门和市场主体航运企业动态博弈过程的研究方法也成为该领域的研究重点之一。

（4）国内外对于污染治理问题中的博弈研究，研究对象博弈各方少有涉及第三方服务商。技术手段是提高监管效力的最佳途径之一，但是环境治理监管专业性强、技术性高，检查技术手段水平较低，新技术的研发需要投入大量资金、时间和人力成本。在政府部门资源有限的情况下，应积极调动各方资源和积极性，充分发挥和有效引导社会各方力量,引入拥有或能够开发出高技术监管检查手段的第三方服务商协助开展监管工作，这一重要措施也是研究重点内容及未来研究方向。

— 本 章 小 结 —

本章首先概述了船舶大气污染物排放情况，指出了我国开展船舶大气污染物与温室气体排放控制的必要性。然后对国际国内的船舶排放控制要求进行了梳理，总结得到船舶排放控制区制度是现阶段国际现行控制船舶大气污染物与温室气体排放的有效政策手段，可为我国开展船舶减排提供政策支持和参照。其次，梳理了我国船舶排放控制区政策设立原因与实施情况，并分析比较与国际船舶排放控制区的区别，总结了我国船舶排放控制的监督监管方式以及政策实施中存在的问题。最后，结合船舶排放研究对象、博弈论和系统动力学研究方法进行文献梳理，从船舶大气污染物、船舶温室气体的排放控制、博弈论在环境污染及治理领域的应用、系统动力学在环境相关领域的应用等方面对现有研究进行梳理总结。

第 2 章

系统动力学

2.1　系统动力学概念及其发展

系统（System）是人、事、物相互作用、相互依赖的许多个体所组成的复杂性整体。系统动力学是 20 世纪 50 年代中期美国麻省理工学院福瑞斯特（Forrester）教授创立的[65]。这一概念最初是福瑞斯特教授为分析企业生产管理、库存管理等问题而提出的，在发展初期主要用于工业企业管理领域，故称之为"工业动力学"。20 世纪 60 年代，系统动力学进入重要的成长阶段，福瑞斯特教授于 1961 年出版的《工业动力学》，阐明了这一理论的基本原理和典型应用，成为本学科的经典著作。《系统原理》《城市动力学》等一批经典论著也相继在这一阶段问世。后来，随着学科的蓬勃发展，其应用范围日益扩大，遍及经济社会生态等各个领域，逐渐形成了比较成熟的新科学，改称为"系统动力学"。目前，这一理论仍处于蓬勃发展阶段，其方法模型体系仍在不断深化和拓展。

系统动力学（System Dynamics，SD）是一门分析研究信息反馈系统的学科，也是一门认识系统问题和解决系统问题的交叉综合学科[65]。系统动力学是系统科学的一个分支，它的理论基础是系统思考，研究对象是复杂的反馈系统，研究内容是系统发展的战略决策问题，研究方法是融入了计算机仿真模拟，研究关键是建立研究对象的模型体系，其最终目的是利用计算机仿真实验结果解决经济社会系统的战略与决策问题。系统动力学成为研究社会经济发展、生态系统演变、规划政策制定、军事战略研究等众多领域战略决策的重要工具，并在其中发挥了巨大作用，成为一门沟通自然科学和社会科学等领域的横向学科。系统动力学是研究复杂系统的有效方法，从整个系统开始分析，找到并研究系统内的相关影响因素，关注系统的动态变化和因果关系，是定性和定量分析组合的模拟方法，可以分析和解决信息不完整状态下的复杂问题，主要用以进行系统发展趋势预测、政策管理、优化与控制。

2.2　系统动力学特点及优势

2.2.1　系统动力学特征

随着经济社会科学技术的迅速变化，经济、社会、环境、能源、政治、科技等各种系统也变得日益错综复杂起来。人们在处理城市人口发展、能源资源短缺、环境污染治理等复杂问题时，虽然已掌握了不少方法与技术来分析探讨这些问题的表现，但仍存在无法充分理解许多问题起源、发展和相互关系的情况，故而无法采取针对性强的有效措施应对处置。究其根本原因，是研究人员在分析具体问题的某一部分时，不能充分理解部分与整体的相互影响与相互关系，无法解释这个问题的出现和发展变化以及未来的发展趋势，无法预测会导致什么问题发生以及对整个系统造成怎样的影响。

系统动力学正是在这样一个背景下，基于系统论、控制论、信息论、计算机仿真等理论基础和技术方法等发展而来的，用以帮助决策者理解复杂、非线性系统的结构和系统各要素间的动态行为关系等基本特性。系统动力学能够将复杂系统内的各要素有效组织起来，通过对要素间的相互关系、相互作用和影响进行全面分析，探讨系统的内在联系，分析系统各要素之间构成的反馈环，并找出这些现象发生的内在原因及形成机制，通过图示反应出系统内部及系统外部因素的相互关系。系统动力学结合定性分析与定量分析的方式，建立严谨的数学模型，并借助计算机仿真技术，模拟采取不同策略措施的影响结果以及对系统的发展进行预测。系统动力学分析研究问题的过程实质也是寻求最优化的过程，通过分析关系及影响来获取找寻较为优化的系统功能，着重描述复杂系统间的结构关系，强调系统发展过程中的决策选择和发展趋势。该研究方法适用于中长期时间尺度上的复杂系统问题，主要目的是借助计算机仿真技术来进行经济社会政策模拟试验，以期望改进和设计出能够解决实际问题的政策措施，因此，系统动力学也被称之为"政策实验室"。

系统动力学研究的对象主要是涉及人类社会和经济活动的社会系统，社会系统是由政治、经济、文化、历史、宗教、环境等各领域要素构成的有机整体，要素之间各不相同，单就某一领域又构成独立的环境子系统、能源子系统、教育子系统、交通子系统等，每个子系统具有其独特的组织结构和行为特征，通过一系列复杂联系和机制相互作用、相互影响，结合成为有机整体。

在研究复杂的社会系统问题时，个体活动构成社会系统最初级的层次，社会系统并非个体活动的无序总和，而是按照一定规则展开交往关系和活动，由此产生经济、政治、文化等领域的各种现象，这构成了复杂系统中的高级层次，在这个层次中，各领域本身是由众多不同要素组成的多层次结构的复杂子系统，这些子系统并非独立存在，而是相互关联的，所有要素共同构成了系统要素多元、层次结构丰富的社会系统，这个系统具有关系复杂、行为复杂、结构复杂和环境复杂等特性，并随着各要素状态的变化而动态发展的。

系统内部要素之间、子系统之间、各层次之间的联系和作用是极其复杂多样的，一个系统的层阶在四个以上被称为高阶次系统，典型的社会—经济系统动力学模型有数十或数百个层阶，呈现出高阶性；复杂系统内部一般有三个以上相互作用的反馈回路，影响要素众多，呈现出复杂性；各要素、各子系统之间也并非互不相干的独立线性关系，而是存在相互作用的非线性关系，整体不是简单地等于部分之和，各要素之间作用也并非简单的"线性"叠加，叠加可以是线性也可以是非线性的。综上可知，复杂系统的发展存在着多样性、可变性、随机性、非均匀性和创新性，系统呈现阶次高、多重反馈和非线性等特点。

总结下来，系统动力学具有以下的特征：

（1）系统动力学研究的问题是动态的，系统中所包含的变量是随时间变化的，模型可以模拟系统的发展趋势，进行中长期的预测。

（2）系统动力学模型中包含了反馈的概念，充分考虑系统中各要素之间的相互关系，形成反馈回路。

系统动力学中涉及与反馈相关的概念主要包括以下内容[65]。

反馈系统：包含有反馈环节与其作用的系统，它受系统本身历史行为的影响，把历史行为后果回授给系统本身，以影响未来的行为。

反馈回路：由一系列的因果与相互作用链组成的闭合回路即由信息与动作所构成的闭合路径，或者说，反馈系统就是相互连接与作用的一组回路，是闭环系统。

正反馈的特点：能产生自身运动的加强过程，在此过程中，运动所引起的后果将回授，使原来的趋势得到加强。

负反馈的特点：能自动寻求给定的目标，未到达（或未趋近）目标时将不断做出响应，力图缩小系统状态相对于目标状态的偏离。

反馈回路[66]是系统动力学模型的最基本结构，反馈回路是耦合系统的状态、速率与信息的回路，它们对应于系统的三个组成部分：单元、运动与信息。状态变量的变化取决于决策或行动的结果。而决策（行动）的产生分为两种：一种是依靠信息反馈的自我调节，如图 2-1a）所示，这种现象普遍存在于这物质世界中；另一种是在一定条件下不依靠信息的反馈，而按照系统本身的某种特殊规律，如图 2-1b）所示，这种现象存在于非生物界。这时并非信息不存在，而是信息处于"潜在"状态未被利用。若用系统动力学的流图来表示，则相当于信息到决策之间的联线被切断了。

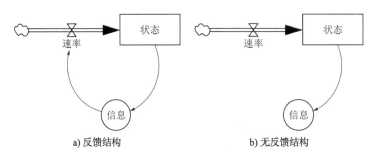

a) 反馈结构   b) 无反馈结构

图 2-1 系统基本结构

一个反馈回路就是由上述的状态、速率、信息三个基本单元构成的基本结构。一个复杂系统则按照一定的系统结构由若干相互作用的反馈回路组成；反馈回路的交叉、相互作用形成了系统的总功能。

因果回路图（Causal Loop Diagram，CLD）是表示系统反馈回路结构的主要工具，CLD 可以迅速表达关于系统动态形成原因的假说。一条正因果链意味着如果原因增加，结果要高于它原来所能达到的程度；如果原因减少，结果要低于它原来所能达到的程度。一条负因果链意味着如果增加，结果要低于它原来所能达到的程度；如果原因减少，结果要高于它原来所能达到的程度。

2.2.2 系统动力学特性

系统动力学是结合数学模型和计算机仿真技术而发展起来的，利用定性和定量分析相结合的方法，研究高度非线性、高阶次、多重回馈、多变量的复杂系统问题的科学。具有以下几方面优势特性。

（1）系统动力学能够处理高阶次、非线性、多重反馈、复杂时变系统的问题，能明确体现系统内部、系统外部因素间的相互关系。复杂系统问题的自身特点决定了其无法通过一般的数学方法成功有效地解决，系统动力学具有解决复杂系统问题的优势，它以计算机仿真技术为手段，结合系统论中的因果逻辑关系与控制论中的反馈原理，将研究对象逐层细分，建立各层次、各要素之间的关系，分析系统内部结构、整体与各元素的协调机制，动态跟踪各要素及系统的变化情况，通过建立数学模型将复杂的关系表达出来，从而找出系统发生变化的内在机制和影响结构变化的外部因素。求解过程不是传统的降解计算方法，而是利用计算机的大数据处理能力和模拟技术，再现系统结构、作用方式和行为，并模拟调整不同决策方案实施后系统的动态演化行为，从而寻求最优化的系统行为模式和问题解决方案。只要动力学模型结构设置合理，分析影响系统的要素变量多少仅受计算机容量的限制。

（2）系统动力学能够处理长期性、周期性、动态性系统问题。系统动力学研究的问题是动态变化的，它遵循认识-实践-再认识的循环过程分析问题，以期解决经济、社会、工业、农业、生态等多学科系统问题。这些系统中出现的一些问题，例如经济危机、生态系统、生命周期等都呈现出发展的周期性和规律性等特点，系统动力学模型中所研究的要素变量是随时间变化的，因而可以对各系统进行动态模拟，观察系统在不同状态、不同参数、不同政策因素输入时的动态行为和发展趋势，它强调系统发展过程中的动态行为和发展趋势，可以用作系统的中长期动态模拟预测。

（3）定性与定量的结合与统一。系统动力学将定性和定量分析相结合，不需要精准参数。系统动力学模型既有定性分析，描述系统各要素之间作用关系，并用特定的图示来反映，以此帮助研究人员认识和把握系统整体结构和要素之间的关系；又有专门表示的数学模型来进行定量分析，并利用计算机技术进行求解和仿真试验，以此来预测和推理系统未来行为和发展趋势。因此，系统动力学是以定性分析为先导、定量分析为支撑，二者相互结合相辅相成、螺旋上升、逐步深化的仿真技术。此外，由于系统动力学模型是一种结构的模型，侧重研究系统结构和动态行为，对参数的要求不高，并不需要精确的数字。

（4）系统动力学能够发挥"政策实验室"的作用。系统动力学的仿真试验，一方面结合计算机的处理技术，一方面发挥研究或决策人员对于系统的科学认识、经验积累、分析理解、判断预测等优势，来构建和模拟仿真实际系统，获取丰富深刻的信息，从而寻求问题的解决途径。在这一过程中，研究或决策人员可结合问题的宏观层面与微观层次，对涉及多层次、多部门的复杂系统进行综合研究，为研究或决策人员提供一个"政策实验室"，定量分析特定条件下不同策略方案在实施若干年后可能得到的不同结果，调整各种变量对于系统的作用，比较不同策略下的实施结果，筛除成效微弱或不合理的方法，为选择最优或满意的决策提供有力的依据。

（5）系统动力学有专用的模拟语言软件。Dnyamo 是专门为系统动力学设计的仿真语言，名字来源于 Dynamic Model（动态模型）的缩写，软件 PD-Plus, Stella, Vensim,

Powersim，Ndtran 和 dysmap 等都是功能类似于 Dynamo 的系统动力学计算机模拟语言，均可在 Windows 环境下运行，节省了底层编程的工作量，本研究使用 Vensim（Ventana Simulation Environment）软件进行后续研究。

2.3 系统动力学模型的构思原则

系统动力学模型需要依据对系统和系统特性的认识，模型在构建时基于一个"明确"和三个"面向"的总体原则，即明确目的和面向问题、面向过程与面向应用。系统动力学模型对系统的分析和研究，一方面是基于对系统问题宏观整体的认识；另一方面是从微观上分析系统结构的层次性和要素的多样性，采用综合分析和分解原则来研究系统。构建系统模型要求契合现实系统，在分析系统、选择指标、分析关系、构建模型的过程中，要求尽可能地反应系统实际的运行机制和规律，使模型和仿真结果更适用于现实系统。模型本身是对现实问题的简化表达，系统模型涉及许多变量，完全采用所有变量并不利于模型的有效运行。因此，在构建模型时，尽可能将实际系统中的重要影响要素纳入其中，以简化模型的结构，系统能够用状态变量进行完整、准确的描述，建模不等于对实际关系的复制。系统动力学模型的构思原则可总结如下。

（1）系统能完整地用状态变量加以描述。系统动力学以状态空间法描述系统的结构与其时域行为。系统的状态是一个最小的变量组，称为状态变量。状态是物质的表达，代表系统中的累积或储存的量，它们能完整、准确地描述系统。描述由同一类物质组成的系统的状态变量组具有同一量纲。

（2）模型中给每个反馈回路至少应包含一个状态变量，否则将出现同一个辅助方程与不同速率变量直接链接的情景，这是模型不允许的。

（3）状态的变化代表物质的变化与运动，当状态A流向状态B时，若状态B增大，则状态A必定减少，即系统遵循物质守恒原则。

（4）系统中任意状态的变化仅受其输入与输出速率的控制与影响。任意状态变量不能直接影响另一状态变量。

2.4 系统动力学基本变量与模型

系统动力学模型包括两类基本变量：一类是存量，另一类是流量。除此之外，还存在两个变量：辅助变量和常量。

存量代表系统状态，因此，存量也常称为状态变量。流量是影响存量的因素，也常称之为速率变量。存量在对应的英文中有 Stock 和 Level 两种表达，流量也有 Flow 和 Rate 两种表达。二者的划分并不绝对，同一个研究对象在不同的情形里既可被视为存量，亦可被视为流量。通常情况下，存量是指在整个动态变化的过程中累积起来总的数量，而流量是指运动或流动中的改变量。例如，温室气体累积排放导致全球气候变暖加剧，这里的温室气体浓度是存量，而导致它产生的原因，比如化石燃料燃烧排放大量二氧化碳，则可视为流量。存量的变化需要时间间隔去发展，是一定间隔时间的增加量，它的值取决于引起它变化的流量，任何两个存量之间都不能直接连接，而是需要通过某种共用的流量来建立联系。辅助变量也可称之为中间变量，可以用来连接存量、流量或另一个辅助变量表达各种可能存在的关系。常量是独立的随时间变化的数，可以看作是辅助变量的一个特例。

系统动力学模型根据存量的数量，可以分为一阶模型、二阶模型和多阶模型，不同模型对应有不同的方程表达。系统动力学模型另一种分类方式是基于研究领域内容，例如能源模型、环境模型、政策模型、人口或社会-生态-水资源模型，可以是一阶也可以是多阶，取决于研究对象存量的数量。

对于任何一个复杂系统，根据系统整体性和层次性特征，都可以把复杂系统划分成若干个相互关联的子系统，再通过对子系统的分层解构，进一步对系统内部进行描述，分析不同要素间存在的关系，并利用方程对其数学关系进行定量分析。因此，任何一个系统都可看作是由基本单位和一阶反馈回路构成的，一阶反馈回路需要有三种基本变量：即存量（状态变量）、流量（速率变量）和常量，这些变量可分别由状态方程、速率方程和辅助方程表示。那么，不论是动态还是静态，一阶、二阶还是多阶，线性或非线性的系统，在系统动力学中都可用方程进行定量表达。系统动力学模型中主要包括五种方程：水平方程（状态方程、L 方程）、速率方程（R 方程）、辅助方程（A 方程）、常数方程（C 方程）和初值方程（N 方程）。

（1）水平方程

水平方程（L 方程）又称为状态方程、存量方程或积累量方程。反映系统状态随时间的变化，一般用个一个差分方程来表达，是变化对时间的积累效果。

水平方程在模型中，状态变量以 L 为标志写在第一列，一般形式为[65-66]：

$$L \qquad L.k = L.j + \text{DT}(\text{IR}.jk - \text{OR}.jk) \tag{2-1}$$

式中：$L.k$、$L.j$——状态向量；

IR. jk、OR. jk——输入、输出速率（变化率）；

　　　　DT——单位时间间隔。

水平方程中一定有前一个时刻的状态值，且因为它是描述速率变量转换为状态变量的方程，因此方程中也一定含有速率变量；水平方程体现的是对时间的累积效果，因此在方程中也一定有时间的变化DT。

（2）速率方程

速率方程也称R方程，定义为单位时间间隔（DT）内流量形成的方程式，是体现系统自然变化的规律或人们控制系统的主观愿望，用来实现系统内实物流的控制。

通过对状态方程进行变形，可得：

$$R \quad \frac{L.k - L.j}{DT} = \frac{DL}{DT} = IR.jk - OR.jk \tag{2-2}$$

在系统动力学中，速率方程以R为标志，k、j分别表示两个时刻，jk表示j到k的时间段。$L.k$，$L.j$表示该时刻状态水平，IR. jk表示jk时间段输入速率，OR. jk表示jk时间段输出速率。不出现单位时间间隔（DT），没有固定的标准格式，它是由水平方程变形而来。速率方程最终是水平变量和常数的函数，速率方程的输出控制着水平变量的增减。

（3）辅助方程

辅助方程也称为A方程，就理论而言，水平方程、速率方程能够完全确定和计算系统的状态，然而在实际系统中，速率变量的影响因素是很复杂的，存在计算式过于冗长复杂，不便于描述自然规律、决定过程并且不便于利用中间结果分析问题等情况，因此，当系统复杂时，可以将速率方程转化分解为几个较简单的辅助方程来表达。

辅助方程以A为标志，辅助变量时间下标为k，没有统一的标准格式。A方程是计算速率方程的子方程，用更加清晰地描述自然规律或决策行为过程。

表函数用于描述变量间非线性关系。模型中需要辅助变量描述变量间非线性关系时，简单地由其他变量进行代数组合已不能表达，当非线性函数能以图形表示时则可用表函数来描述，表函数以T为标志。

（4）常数方程

常数方程主要用途就是给常数赋值。通用表达式是：

$$C \quad C.i = N.i \tag{2-3}$$

式中：C——常量；

　　$C.i$——常量名称；

　　$N.i$——常量数值。

常数方程在系统动力学中用C表示，是系统中参变量的最简单形式，它和存量共同决定着流率的变化。

（5）初始方程

初始方程在系统动力学中用N表示，主要用途是为水平方程赋予初始值。在模型中，初始方程后通常跟着水平方程。

2.5　系统动力学解决问题的基本步骤

系统动力学解决问题时可依照以下步骤进行。

（1）确定问题，明确系统仿真目的

问题是指系统内部各系统之间存在的矛盾、相互制约与作用、产生的结果与影响。建模的目的就在于研究这些问题，并寻求解决问题的途径。

在建立模型之前，首先需要确定简明目标，明确要解决什么问题，并对问题进行梳理和分析，理解研究对象系统内部各部分之间存在的矛盾、相互联系、相互作用，以及可能产生的结果影响等。

（2）确定系统边界

系统动力学的研究对象是相对封闭的系统，在明确系统仿真目的后，要确定系统的边界。系统动力学所分析的系统行为是基于系统内部种种因素而产生的，假定系统尾部因素不对系统行为产生本质影响，也不受系统内部因素的控制。

由于思考能力和知识有限，在进行研究时需要对模型进行边界封闭。系统边界包含时间和空间两个维度，空间上的边界是指确定问题研究的范围，找出对系统产生重大影响的所有变量，确定内生变量、外生变量、输入量和政策变量等。时间边界主要是考虑到系统动力学是动态变化的，故要追溯到问题从何时产生、如何发生演化、要在多长时限内预测模型的发展趋势等。边界设置太大或太小都将导致仿真模拟的不确定性。

（3）系统结构分析

系统间存在多个反馈回路，系统的复杂性正是源于各种反馈回路之间的耦合。因此，要结合建模目标、系统边界，通过分析来构建系统的反馈机制，分析明确系统内部各要素间的因果关系，并用因果关系反馈回路来进行描述。

（4）建立系统动力学模型

系统动力学模型主要包括确定系统流图和建立关系方程式两部分。系统流图是整个系统的核心部分，根据各影响因素之间的关系利用专用符号设计。关系方程式是各因素间数量关系的体现，包括状态方程、速率方程、辅助方程等。

（5）输入参数

模型的参数选择是人们普遍关心和存疑或误解最多的问题。模型行为的模式与结果主要取决于模型结构而不是参数的值大小，所以没有必要将统计的方法用于系统动力学模型的参数估计之中。

（6）模型仿真模拟试验

模型需要根据问题需要设立不同的参数，把各种参数值代入构建的关系方程式中进行运算，得出各变量的值及相关变化图表。通过不断调整控制参数，对系统模型反复进行改进和仿真模拟，得出各变量的值及相关变化情况，从而建立最佳模型。系统动力学也可与其他软件结合进行仿真模拟。

（7）结果分析与修正

为明确仿真模拟是否能够实现目的，检验模型系统结构，进行极端性检验、灵敏性检验、量纲检验及一致性检验，对仿真结果进行分析，并根据结果对系统模型进行修正。

（8）方案分析与结论

基于以上步骤，通过修正得到较为符合实际的系统模型，通过改变参数即采用不同的政策，模拟不同政策措施下系统模型的动态行为及发展趋势，并从中找寻解决系统问题的优化策略。

该环节是建模的最终目的，也是前述 7 个环节的最终服务对象。在对模型进行修正以后，通过改变参数，模拟不同方案下模型的行为，并从中分析解决系统问题的方法。

━ 本 章 小 结 ━

本章阐述了系统动力学的基本原理、优势特点，以及系统动力学模型构建的原则、步骤等。

第 3 章
船舶排放控制政策政企博弈与仿真研究

《实施方案》是我国首次设立的针对航运业的区域性大气污染监管控制政策。作为"新生事物",政策能否得到有效落实、管理部门如何切实推进新政策实施,将直接影响到我国船舶大气污染排放治理的效果。海事管理部门、航运企业是该项政策执行过程中的两个主体单位。由于我国首次尝试设立排放控制区,存在监管技术水平滞后、监管体系不完善、部门合作不充分、配套激励政策不明确等一系列原因,在政策的实际推进过程中出现监管力度不足、效率低、执行不彻底等多方面的问题,从而影响了该政策的实施效果,进而导致船舶减排的政策制定初衷难易实现。为厘清政策所涉及利益相关方关系,以及各方在船舶排放控制区政策机制中的作用,更好地发挥海事管理部门的监管职责,推进航运业绿色发展,本章首先基于博弈论方法构建了"海事管理部门-航运企业"监管博弈模型,并在此基础上构建了"海事管理部门-航运企业"监管博弈的动态仿真模型,以期揭示和梳理政企双方在博弈过程中的策略选择及作用机理,为海事管理部门更好开展监管提供政策依据。

本章利用演化博弈与系统动力学相结合的方法来研究船舶排放控制区政策实施。演化博弈论将群体行为的调节过程视为一个动态系统。它在有限理性的基础上,克服了经典博弈论理性的局限性,强调动态均衡[6]。因此,用演化博弈论来分析新政策实施中的问题将更加符合实际情况。演化稳定策略(Evolutionary Stable Strategy,ESS)可以描述系统的局部动态特性,但是不能反映系统平衡与动态选择过程之间的关系。系统动力学(System Dynamics,SD)专注于系统的动态和因果关系,可以在信息不完整的情况下解决复杂的问题。系统动力学是研究复杂系统中信息反馈行为的有效仿真方法,可以为研究不完全信息条件下博弈的动态演化过程提供有效帮助。

3.1 博弈论理论

3.1.1 博弈论及其发展

博弈论（Game Theory）又称对策论，是应用数学的一个分支，被广泛应用于社会、经济、政治、军事等各个领域，已发展为比较完善的学科，且逐渐成为社会科学研究中的重要工具。

博弈论主要研究理性的博弈参与者（Players）之间行为发生相互作用时的决策以及这些决策之间的均衡问题，也是研究博弈参与者之间冲突及合作的理论[67]。这些参与者也称之为决策者（Decision Makers）。决策者在一定规则约束下，依靠掌握的信息，为实现自身效应最大化，对策略行为进行选择并达到利益均衡，决策者既受到其他主体的影响，而且反过来又影响其他决策主体行为。

博弈是中国古代游戏活动的重要组成部分，泛指各类棋弈和掷采活动，是展现智慧、运筹争胜的重要方式。"博"指以掷采为前提的棋类活动或专门的掷采游戏，"弈"指单纯依靠智力的行棋。"博"类游戏例如投琼，类似掷骰子；"弈"类游戏例如围棋和象棋，"亦博亦弈"类游戏代表为六博、麻将等。

博弈的英文"game"一词，中文一般翻译为"游戏"，而在西方，game 的意义并不完全等同于汉语中游戏的概念。英文中 game 有竞赛的意思，是指人们遵循一定规则的竞争性活动，而且目的是让自己"赢"。

而在博弈论中，"博弈"用来描述完全理性的主体（个人或群体）决策选择相互影响的情形；"博弈论"就是研究这一决策过程以及这种决策所导致结果的理论。所谓博弈，是指两个或两个以上的比赛者或参与者，他们的选择能够影响每一位参加者的行动或战略，即参加竞争的各方为了实现自己利益的最大化而采取的策略[68]。

（1）发展历程

博弈的原始思想萌芽于两千多年前，《孙子兵法》《三十六计》等书中就有许多博弈案例。而对于决策问题的研究可追溯到 18 世纪初甚至更早，但博弈论真正的发展与成熟还是在 20 世纪。

1944 年，数学家冯·诺伊曼和经济学家摩根斯坦恩出版的《博弈论与经济行为》，标志着博弈论诞生，博弈理论初步形成。

20 世纪 50 年代是博弈论的成长期，合作博弈和应用在这一时期达到顶峰。与此同时，非合作博弈论开始创立，约翰·纳什提出了博弈论中最为重要的概念——纳什均衡（Nash Equilibrium），奠定了非合作博弈的理论框架与概念的根基，也为博弈论应用于经济、管理、社会、政治、军事等科学领域夯实理论基础，拓展了全新的研究领域，加深了对复杂问题研究的深度。

20 世纪 60—70 年代，博弈论得到不断丰富壮大，进入快速发展期，约翰·海萨尼[69]将不完全信息引入博弈论，提出贝叶斯纳什均衡（Bayesian Nash Equilibrium）。赖因哈德·泽尔腾引入动态博弈（Dynamic Game）和不完全信息博弈，提出精炼贝叶斯均衡（Perfect Bayesian Equilibrium）。

20 世纪 80 年代，博弈论进入成熟期，该理论空前发展并逐渐成为主流经济学的一部分，博弈理论体系逐渐完整，并在众多研究领域得到突破，对其他学科产生重大影响。同时，计算机技术的快速发展为研究复杂问题中博弈模型的构建提供了有力支撑，为博弈论的发展开辟了新的道路。

（2）基本概念

构建一个博弈，一般包括以下几个要素：

①博弈方，即参与博弈的人，也称为决策主体、参与者、局中人，指在博弈过程有决定权的人。博弈方可以是个人或团体，比如一个人、一个企业、一个军队、一个国家等。根据博弈方个数的不同，博弈可分为"单人博弈""两人博弈"和"多人博弈"。

②信息，即博弈方做决策时依据的内容，有助于选择策略的资料情报。根据信息种类的不同，博弈可分成"完全信息"以及"不完全信息"博弈。

③行动，指博弈方采取的一个具体的决策，是一个动态的概念。

④策略，指每个博弈方在决策过程中可采用的方法，它告诉博弈方什么情况下选择什么行动。策略集包括所有的行动计划。在一个博弈过程中，如果博弈方总共有有限个策略，则称为"有限博弈"，否则称为"无限博弈"。

⑤次序，指博弈方在决策时的先后顺序。博弈方要作不止一次的决策时就出现了次序问题。一般来说，静态博弈中博弈方同时行动，而在动态博弈中博弈方有次序地行动。

⑥得失，又称为支付、报酬、收益，即博弈完成时的一个结局。博弈方从博弈过程中获得的结果，取决于所有参与人的行动或战略。在博弈结束时，每个博弈方的得失，取决于自身所选择的策略，也与其他博弈方所选择的策略有关。博弈结束时每个博弈方

的"得失"是全体取定的一组策略的函数，通常称为支付函数。

⑦结果，指博弈方关注的所有要素，如行动、支付及其他变量，结果即是将这些要素组合起来。把全体博弈方可能采取的不同战略及其结局都列出来，即为结局矩阵。

⑧均衡，指所有博弈方选取的最佳策略组成的策略组合。

以上构成了博弈的基本要素，其中的"博弈方""策略"和"支付"，是博弈分析中最为基础和重要的三个要素。

3.1.2 博弈论分类

根据不同依据，博弈可分为不同类型，不同类型的博弈所采用的研究方法也相应不同，有关机理分析也不尽相同。

根据博弈方的决策理性，博弈可分为合作博弈和非合作博弈，合作博弈强调集体理性、效率、公正和公平，博弈方的决策以集体利益最大化为驱动；非合作博弈强调个人理性、个人最优决策，博弈方目标是个人利益最大化，其结果可能是有效率的，也可能是低效率或无效率的[69]。二者的区别在于博弈方能否达成一个具有约束力的协议。典型的合作博弈模型例如纳什议价博弈[70-71]、联盟博弈；非合作博弈模型包括囚徒困境、零和博弈、斯塔伯格博弈等。

根据博弈方的参与数量，博弈可分为单人博弈、两人博弈、多人博弈。其中单人博弈实质是解决决策和优化问题；两人博弈指双方的策略和收益相互依存；多人博弈是指三方及以上博弈方参与，不仅考虑两两间的相互作用，还要考虑可能形成联盟的情况。

根据决策数量，博弈可分为有限博弈和无限博弈。有限博弈和无限博弈主要取决于博弈方策略集合是有限的或无限的。有限博弈常采用穷举比较、归纳迭代等研究方法；无限博弈常采用微积分分析博弈方的最优策略。

根据收益状况，博弈可分为零和博弈、非零和博弈。除此之外，还有常和博弈和变和博弈，零和博弈可看作是常和博弈的特例。

根据行动次序，博弈可分为静态博弈、动态博弈。静态博弈是指博弈各方同时采取行动，或者虽有先后次序但在决策时无法了解他人的行动；动态博弈又称为展开博弈，是指在博弈过程中，行动是具有先后顺序的，博弈方可以观察到他人的历史行动从而做出决策反映。典型的静态博弈例如古诺模型，典型的动态博弈例如斯塔伯格模型。

根据信息结构，博弈可分为完全信息博弈和不完全信息博弈。二者的区别在于博弈方是否清楚各种选择情况下每个博弈方的收益。典型的完全信息博弈例如古诺模型，典型的非完全信息博弈例如贝叶斯模型。除此之外，还有完美信息博弈和不完美信息博弈，他们之间的区别关键在于对"迄今为止的历史"是否清楚。

基于博弈方的行动次序和掌握信息的程度，博弈可分为完全信息静态博弈、不完全信息静态博弈、完全信息动态博弈和不完全信息动态博弈，同时可以得到与之相对应的四个均衡。博弈的四种类型及对应的均衡见表 3-1。

博弈的四种类型及对应的均衡　　　　　　　　　表 3-1

博弈类型	完全信息	不完全信息
静态博弈	完全信息静态博弈— 纳什均衡	不完全信息静态博弈— 贝叶斯纳什均衡
动态博弈	完全信息动态博弈— 子博弈精炼纳什均衡	不完全信息动态博弈— 精炼贝叶斯纳什均衡

3.1.3　演化博弈论

在传统博弈论中，通常假设博弈方是完全理性的，且博弈是在完全信息条件下发生的，即每个博弈方掌握所有参与者的决策选择信息；并且自己的选择不会出现错误，能够实现自身利益最大化。然而在现实中，基于博弈方自身的文化背景环境、感知认识能力、表达理解等多方面的差异，以及经济社会环境与博弈问题本身的复杂性，导致了博弈方完全理性和完全信息这两方面假设难以实现。综上可知，传统博弈论的假设不能满足实际应用的需要。

为了解决传统博弈论上述问题带来的局限性，演化博弈论应运而生。演化博弈与传统博弈论不同，它假设博弈参与方是有限理性的，且信息是不完全的状态。博弈方根据外部环境各种条件的变化，基于参与个体间的相互观察、模仿、学习、突变等过程，不断调整、改变自己的策略选择，向最优均衡状态接近，以完成博弈过程。随着时间的推移，博弈方的策略选择并非是静止的，而是根据观察对手模仿学习后不断调整变化的。与一次性博弈不同，演化博弈是重复进行、不断调整、无限趋于最优策略的均衡状态，呈现了复杂动态博弈的特性。演化博弈结合了传统博弈理论和动态演化过程，强调动态的均衡。

演化博弈论源自于生物进化论，最早由遗传生态学家费舍尔和汉密尔顿提出，用于对动植物的冲突和合作行为的博弈分析。演化博弈论诞生的标志是生态学家史密斯（Smith，1973）与普瑞斯（Price，1974）联合发表的《动物冲突的逻辑》，提出了演化博弈论中的基本概念——演化稳定策略 [71-72]。

演化博弈论的另一突破性发展标志是复制者动态（Replicator Dynamics，RD）的提出，生态学家泰勒和杰克在考察生态演化现象时提出演化博弈论的基本动态概念——复制者动态，演化稳定策略和复制者动态构成演化博弈论的核心内容。自此以后，演化博弈论迅速发展，并随着研究的深入逐渐被引入到经济学领域，多用于分析经济社会行为习惯、规范制度、机制体系形成过程及其影响因素，为预测和解释博弈方的行为提供了更为准确的研究方法。

因此，演化博弈论具备以下几方面特征：

一是区别于传统博弈论完全理性的假定，演化博弈论中的博弈参与者是非完全理性的，信息也是非完全状态的。

二是演化博弈论以参与人群作为研究，分析其动态演化过程，解释群体为何达到以及如何达到目前状态。

三是演化博弈模型的建立基于选择和突变两个方面，选择是指获得较高收益的策略，以后会有更大几率被采用。突变是指部分个体随机选择不同于群体的策略，突变是不断学习、模仿和试错的过程，这个过程是适应性的且是不断改进的。

四是演化博弈过程是无限重复的，需要相当长的时间才能达到均衡状态。

五是经群体选择下来的行为具有一定的惯性。

演化博弈论具备的这些特点使它与现实更加接近，更加适应于研究船舶大气污染物和温室气体排放问题的利益冲突分析。

3.2 船舶排放控制政策静态纯策略博弈分析

船舶大气污染物和温室气体排放控制是一种典型的监察监管博弈，在目前船舶大气污染物和温室气体排放监察监管工作格局下，由于政府、航运企业、第三方服务商、社会公众等决策主体之间的利益各不相同，导致他们在监察监管问题上存在着博弈关系。船舶大气污染物和温室气体排放控制效果取决于海事管理部门、船舶企业以及第三方服务商间的策略选择，在现实中，以上各方的策略选择并非静止状态，而是随着时间根据观察到的各种信息不断调整变化，呈现出长期性、复杂性和动态性博弈特征。航运业有其固有的特点，即一个港口服务辐射多个腹地地区。这就形成了港口所在地的地方政府必须通过竞争才能得到更多腹地地区。当港口所在地的地方政府没有认真执行国家相关环保政策时，虽然可以降低本港区航运企业的成本，进而提高本地收入。因此，在一定程度上地方政府与航运企业的有较强的"违规"动机，使得政府在船舶排放控制方面的政策措施难以在航运企业间得到有效的实施和推行，导致政策在执行过程中出现"执行鸿沟"的现象，船舶大气污染物和温室气体排放问题得不到有效控制。

综上所述，针对我国船舶大气污染物和温室气体排放控制监管博弈问题的长期性、复杂性、动态性以及多方参与的特点，为了更加准确地反映实际问题，本研究选择了更符合船舶大气污染物和温室气体排放实际情况的演化博弈理论。本节将基于博弈方的有限理性，分析非合作关系中多个决策主体在船舶大气污染物和温室气体排放控制监管问题上长期的动态博弈过程，以期为科学制定船舶排放控制和治理相关的政策制度与战略决策提供依据。

3.2.1　模型假设与参数设定

（1）博弈方

博弈方为海事管理部门和航运企业，博弈方的目的都是为了自己利益的最大化。博弈方同时根据自己的情况做出策略选择，并充分了解对方的策略选择。

（2）策略

海事管理部门有两个选择：开展船舶排放控制监管检查和不开展船舶排放控制监管检查。航运企业或单个船只同样有两个选择：使用低硫燃油和使用违规燃料。

（3）支付

博弈双方的支付及参数见表3-2。

静态纯策略博弈相关参数　　　　　　　　　　表3-2

参数	含义
Cmy	海事管理部门开展监管所投入的成本
Csy	航运企业守法守规所投入的成本
Elmn	海事管理部门不监管时环境损失
Psn	航运企业违法违规所受处罚
Bmy	海事管理部门开展监管时环境收益
Bsy	航运企业守法守规时的收益
Bsn	航运企业违法违规时的收益

3.2.2 静态纯策略监管博弈模型构建与分析

根据 3.2.1 节的假定，依据博弈论基本理论，可以得到海事管理部门与航运企业之间的静态纯策略博弈收益矩阵，见表 3-3。

海事管理部门与航运企业间静态纯策略博弈收益矩阵　　　　表 3-3

航运企业	海事管理部门	
	监管检查	不监管检查
守法守规	（Bsy－Csy, Bmy－Cmy）	（Bsy－Csy, Bmy）
违法违规	（Bsn－Csy－Psn, Psn－Cmy）	（Bsn, －Elmn）

当博弈双方面对支付矩阵时，开展对如下几种静态纯策略，本节对这些策略进行博弈分析。

1）航运企业守法守规时收益均为正的情况

这种情况前提条件是 $\begin{cases} Bsy - Csy \geqslant Bsn \\ Bsy - Csy \geqslant Bsn - Csy - Psn \end{cases}$，此时无论海事管理部门是否选择进行监管检查，选择守法守规都是航运企业的优势策略，因此在此情况下，航运企业会选择守法守规，同时由于 Bmy > Bmy－Cmy，海事管理部门将会选择以"不监管检查"的策略应对。此时，该博弈模型的纳什均衡如图 3-1 所示。

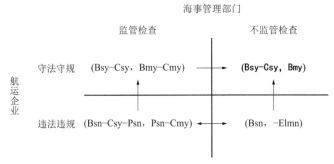

图 3-1　静态纯策略博弈情景 1 的纳什均衡结果

注：箭头方向代表决策偏好，多箭头指向的支付组合为纳什均衡。

当 Bsy－Csy > Bsn 时，该博弈模型存在纯策略纳什均衡（航运企业守法守规，海事管理部门不监管检查），均衡支付为（Bsy－Csy, Bmy），即航运企业自觉守法守规维护环境，海事管理部门不开展对航运企业的船舶排放监管检查。

这种情况在目前情况下存在如下问题，由于环境治理是个体负效益、总体正效益，所以海事管理部门的监管在环保监管体系中处于主导作用，单纯依靠航运企业对环境保护的觉悟来进行环保升级是不现实的,这样势必造成海事管理部门监管效力低下等问题。故从管理效率提升的角度来讲,海事管理部门应该从积极引导航运企业升级改造方面开展工作,积极开展船舶大气污染物与温室气体排放管理的宣讲工作,提升航运企业和公众对于生态环境保护和大气污染治理的自觉意识和行动能力,同时督促航运企业更好地履行国际公约或国内法律法规。

2) 航运企业违法违规收益均为正的情况

这种情况前提条件是 $\begin{cases} Bsy - Csy < Bsn \\ Bsy - Csy < Bsn - Csy - Psn \end{cases}$,此情况下无论海事管理部门是否选择监管检查策略,航运企业的优势策略都是违法违规。该博弈模型的纳什均衡如图 3-2 所示。

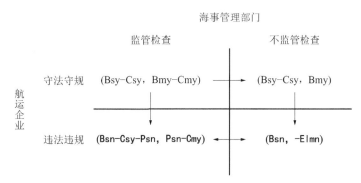

图 3-2　静态纯策略博弈情景 2 的纳什均衡结果

注: 箭头方向代表决策偏好,多箭头指向的支付组合为纳什均衡。

在此前提条件下,存在以下两种情况:

(1) 当 $Bsy - Csy < Bsn$、$Bsy - Csy < Bsn - Csy - Psn$、$Psn - Cmy < -Elmn$ 时,该博弈模型有纯策略纳什均衡解。即双方策略为 (航运企业违法违规,海事管理部门不监管检查),均衡支付为 (Bsn, −Elmn),即航运企业不会开展排放控制升级改造或不使用合规的燃料油,海事管理部门也不对航运企业的船舶大气污染物与温室气体的控制情况进行监管检查。此情景对管理信誉和社会整体环境都不利,相关政策法规难以有效落实,显著降低社会公共利益。该情景是管理最差的结果之一,是管理者必须避免的情况。因此,应该加强对海事管理部门在该领域的环境督查力度、不作为和失职处罚力度,首先从执法的角度提高行政执法效力、加强一线执法人员监管检查的主动性,进而通过提高监管效力,达到对航运企业的有效监管。

(2) 当 $Bsy - Csy < Bsn$、$Bsy - Csy < Bsn - Csy - Psn$、$Psn - Cmy \geqslant -Elmn$ 时,该

博弈模型存在唯一纯策略纳什均衡解。即双方策略为（航运企业违法违规，海事管理部门监管检查），均衡支付为（Bsn – Csy – Psn, Psn – Cmy）。这种情况下，由于利益驱动，航运企业依旧选择不主动开展排放控制升级改造或不使用合规的燃料油，海事管理部门则选择开展对航运企业的监督检查。但船舶航行范围广、艘次多，海事管理部门监管能力有限，完全依赖海事管理部门开展监管并不能从根本上改变船舶不积极升级改造的情况。针对这一情况，海事管理部门可以在政策推行时，加大对违法违规企业的处罚力度，以震慑有违规企图的航运企业，以期实现用较低监管投入成本达到高监管效力的目的。

3）航运企业和海事管理部门收益均有正负的情况

这种情况前提条件是 $\begin{cases} Bsy - Csy < Bsn \\ Bsy - Csy \geq Bsn - Csy - Psn \end{cases}$，这种情况下，航运企业没有优势策略。当航运企业进行策略选择时，因为Bmy > Bmy – Cmy，海事管理部门将会选择不监管检查的策略；当航运企业也选择违法违规作为对应策略时，若Psn – Cmy > –Elmn，海事管理部门将会以监管检查为策略，此时由于海事管理部门也没有优势策略，所以该监管博弈不存在纳什均衡。若Psn – Cmy < –Elmn，海事管理部门将选择"不监管检查"的策略，此时无论航运企业是否选择对抗或合作策略，不监管检查都将是政府海事管理部门的优势策略，因此海事管理部门会选择不监管检查的策略。因Bsy – Csy < Bsn，航运企业会选择违法违规作为应对策略，此时该监管博弈存在纳什均衡（航运企业违法违规，海事管理部门不监管检查），均衡支付为（Bsn, –Elmn）。这一状况的模型均衡性如图3-3所示。

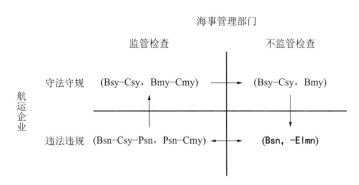

图3-3 静态纯策略博弈情景3的纳什均衡结果

注：箭头方向代表决策偏好，多箭头指向的支付组合为纳什均衡。

当Bsy – Csy < Bsn、Bsy – Csy ≥ Bsn – Csy – Psn、Psn – Cmy > –Elmn时，该博弈模型没有纯策略的纳什均衡解。所以，对于该博弈模型的每一个策略组合来说，海事管理部门和航运企业的策略都是不具有优势的。

3.3　船舶排放控制政策监管演化博弈分析

船舶减排监管问题研究的关键在于分析管理者与被管理者在利用资源方面的存在的利益冲突，并对其进行的长期动态分析。由于船舶大气污染物和温室气体排放等所造成的事后治理成本和代价远高于实施预防措施的成本，因此海事管理部门不仅要监督航运企业的短期行为，更应关注企业长期超标排放污染物和 CO_2 所造成的累积影响。因此，利用博弈论来分析海事管理部门与航运企业之间在船舶减排监管问题上的利益冲突，不仅限于短期博弈均衡的预测或对一次性博弈结果进行预测，更为关键和重要的是，在相对稳定的条件下，分析和预测海事管理部门和航运企业的长期动态博弈过程。

因此，本节将构建船舶排放控制区政策的演化博弈模型，以研究和分析海事管理部门与航运企业之间的动态博弈情况与外部参数对博弈过程的影响。

3.3.1　模型假设

船舶排放控制区政策的实施，双向增加了海事管理部门和航运企业的成本，即增加了海事管理部门行政成本和航运企业的营运成本。因此，在船舶排放控制区政策背景下，双方就会采取最有利于自身的策略开展行动。

（1）博弈方

监管博弈模型的参与方为海事管理部门和航运企业。

（2）非完全理性

博弈方都是有限理性的，旨在最大化自己的利益，且随着时间的推进，双方不断通过对外部环境的判断，修正和改进自身的策略选择。

（3）策略方式

博弈方的策略选择均为"是""否"两种。

航运企业的目的是实现利益最大化，然而当船舶排放控制区政策执行后，航运企业根据《实施方案》的要求，船舶应在进入船舶排放控制区使用符合要求的低硫燃油或加装尾气处理装置，由于低硫燃油相比高硫燃油价格更高，增加了航运企业的成本，压缩了利润空间，在利益的驱动下，航运企业就有了违规的动机，其行为决策就可分为两种：守法守规和违法违规。

海事管理部门作为船舶排放控制区政策的执行单位，其目的是以尽量低的人力和行政成本，保证政策可以得到切实执行和有效落实。但是，三个排放控制区内每年有超1000 万艘次船舶靠港，如果对管辖区域所有船舶开展全面燃油硫含量检查，其成本是不可估量的，不仅行政经费无法支撑，人力物力更是不能保障。因此，海事管理部门对航运企业的燃油合规性策略有两种：开展船舶燃油合规性监管检查和不开展燃油硫含量监管检查。在这种博弈中，由于博弈双方的策略选择都具有一定的随机性，可以使用混合策略博弈来描述海事管理部门与航运企业之间的均衡策略选择。

3.3.2 问题的模型化

假设海事管理部门以概率 γ（$0 \leqslant \gamma \leqslant 1$）对航运企业的船舶燃油情况进行监管检查，检查费用为 c，利用技术监管费用为 a，未来可能追加监管费用 b；海事管理部门检查发现违法违规情况的罚款为 f，对积极采取尾气后处理和船机改造的企业进行的政策补贴为 g。企业以概率 θ（$0 \leqslant \theta \leqslant 1$）采取违法违规的行为，使用低硫燃油的航运企的成本为 d，使用违规燃料时节约成本为 e。

海事管理部门与航运企业博弈的收益矩阵见表 3-4。

海事管理部门与航运企业博弈的收益矩阵　　　　　　表 3-4

航运企业的策略	海事管理部门的策略	
	监管检查（γ）	不监管检查（$1-\gamma$）
违法违规（θ）	（$e-f$，$f-a-b-c$）	（e，$-a-b$）
守法守规（$1-\theta$）	（$-d+g$，$-a-c-g$）	（$-d$，$-a$）

3.3.3 混合演化博弈分析

假设海事管理部门"监管检查"与"不监管检查"的期望收益及平均期望收益分别是 E_{mY}、E_{mN}、E_m，根据 3.2 节中的博弈模型假设及收益矩阵，可知：

$$E_{mY} = \theta \times (f-a-b-c) + (1-\theta) \times (-a-c-g) \tag{3-1}$$

$$E_{mN} = \theta \times (-a-b) + (1-\theta) \times (-a) \tag{3-2}$$

$$E_m = \gamma \times E_{mY} + (1-\gamma) \times E_{mN} \tag{3-3}$$

根据演化博弈论原理，当一种策略的适应度或收益高于整体平均适应度或平均收益时，该策略将在所在群落中发展，并且使用特定策略的比例将在群落中以大于零的速率增加。这就是复制动态方程。

复制动态方程式实际上是一个动态微分方程式，用于描述某个特定策略在总体群落中使用的频率[75-76]。海事管理部门策略的复制动态方程$F(\gamma)$为：

$$F(\gamma) = \frac{\mathrm{d}\gamma}{\mathrm{d}t} = \gamma(E_{mY} - E_m) = \gamma \times (1 - \gamma) \times (\theta f - c - g + \theta g)$$
$$= \gamma \times (1 - \gamma) \times (E_{mY} - E_{mN}) \tag{3-4}$$

假设航运企业"守法守规"与"违法违规"的期望收益及平均期望收益分别为E_{eY}、E_{eN}和E_e，则同理可得：

$$E_{eY} = \gamma \times (e - f) + (1 - \gamma) \times e \tag{3-5}$$
$$E_{eN} = \gamma \times (-d + g) + (1 - \gamma) \times (-d) \tag{3-6}$$
$$E_e = \theta \times E_{eY} + (1 - \theta) \times E_{eN} \tag{3-7}$$

航运企业策略的复制动态方程$G(\theta)$为：

$$G(\theta) = \frac{\mathrm{d}\theta}{\mathrm{d}t} = \theta(E_{eY} - E_e) = \theta \times (1 - \theta) \times (\gamma e - \gamma f - \gamma e - \gamma g + d)$$
$$= \theta \times (1 - \theta) \times (-\gamma f - \gamma g + e + d)$$
$$= \theta \times (1 - \theta)(E_{eY} - E_{eN}) \tag{3-8}$$

3.4　监管演化博弈模型的仿真分析

演化博弈中的演化稳定策略虽然可以描述系统的局部动态性质，但对于系统均衡与动态选择过程间的关系却无法体现。系统动力学关注系统的动态变化与因果影响，可以在非完全信息情况下求解复杂问题，是研究复杂系统中信息反馈行为的有效仿真方法，为研究不完全信息条件下博弈的动态演化过程提供了一种有效的辅助手段。本文使用系统动力学来建模和模拟海事管理部门和航运企业之间的混合策略动态博弈模型，揭示纳什均衡背后隐藏的动态过程。

3.4.1　系统动力学演化模型

根据 3.3 节所建立的演化博弈模型，本节利用 Vensim 软件建立船舶排放控制区政策演化的系统动力学模型。该模型主要由 4 个存量、2 个流率变量、17 个中间变量和 7 个辅助变量组成。4 个存量分别表示在船舶排放控制区政策中海事管理部门和航运企业所采取的"监管检查—不监管检查"策略和"违法违规—守法守规"策略的比例；2 个流率变量分别表示海事管理部门采取"不监管检查"向采取"监管检查"策略的转化率，以及航运企业采取"守法守规"策略向"违法违规"策略的转化率；7 个辅助变量分别对应表 3-4 博弈收益矩阵中的参数变量。船舶排放控制区政策系统动力学流图如图 3-4 所示。

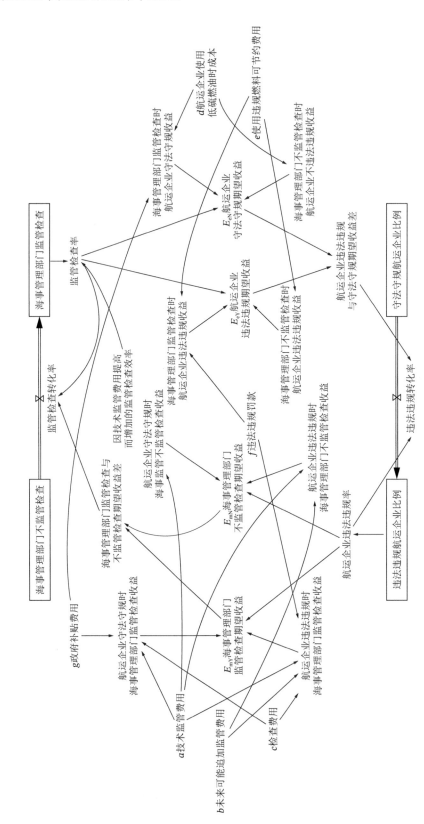

图 3-4 船舶排放控制区政策系统动力学流图

3.4.2　模型设置与稳定性仿真检验

1）模型参数设置

对系统动力学模型初始条件做如下假设：仿真起始时间 INITIAL TIME = 0，仿真结束时间为 100 个时间单位 FINAL TIME = 100，时间步长 TIME STEP = 0.25 时间单位。模型初始数据设置外部辅助变量初始值见表 3-5。

SD 模型变量及初始取值　　　　　表 3-5

符号	意义	初始值	符号	意义	初始值
a	技术监管费用	2	f	检查发现违法违规情况的罚款	8
b	未来可能追加监管费用	1	g	积极采取尾气后处理和船机改造的企业进行的政策补贴	1
c	检查费用	2	γ	监管检查率	0.5
d	航运企业使用低硫燃油时的成本	1	θ	违法违规率	0.5
e	使用违规燃料时节约成本	3			

系统动力学模型中涉及到的关系方程为：

（1）航运企业守法守规期望收益（E_{eN}）= 监管检查率 × 海事管理部门监管检查时航运企业守法守规收益 +（1 − 监管检查率）× 海事管理部门不监管检查时航运企业守法守规收益。

（2）航运企业违法违规期望收益（E_{eY}）= 监管检查率 × 海事管理部门监管检查时航运企业违法违规收益 +（1 − 监管检查率）× 海事管理部门不监管检查时航运企业违法违规收益。

（3）海事管理部门不检查期望收益（E_{mN}）= 违法违规率 × 航运企业违规时海事管理部门不监管检查收益 +（1 − 违法违规率）× 航运企业守法守规时海事管理部门不监管检查收益。

（4）海事管理部门检查期望收益（E_{mY}）= 违法违规率 × 航运企业违法违规时海事管理部门监管检查收益 +（1 − 违法违规率）× 航运企业守法守规时海事管理部门监管检查收益。

（5）违法违规航运企业比例 = INTEG（−违规变化率，0.5）。其中，INTEG 为模型积分运算函数。

（6）因技术监管费用提高而增加的监管检查效率 = WITH LOOKUP{技术监管费用，{[(0,0) − (100,1)], (0.4,0.075), (1.5,0.28), (2.0,0.35), (2.65,0.41), (3.36,0.469), (4.22,0.526), (5.11,0.58), (5.99,0.605), (7.00,0.65), (8.10,0.67), (8.93,0.68), (9.8,0.689)}}。其中，WITH LOOKUP 为模型表函数，允许模型从一个预定义的函数或数据集中输出数据。

（7）监管检查转化率＝监管检查率×（1－监管检查率）×海事管理部门监管检查与不监管检查期望收益差。

（8）海事管理部门不监管检查时航运企业守法守规收益＝－航运企业使用低硫燃油时成本。

（9）海事管理部门不监管检查时航运企业违规收益＝航运企业使用违规燃料可节约费用。

（10）海事管理部门监管检查与不监管检查期望收益差＝海事管理部门监管检查期望收益（E_{mY}）－海事管理部门不监管检查期望收益（E_{mN}）。

（11）海事管理部门监管检查时航运企业守法守规收益＝－航运企业使用低硫燃油时成本＋政府补贴费用。

（12）海事管理部门监管检查时航运企业违法违规收益＝航运企业使用违规燃料可节约费用－违规罚款。

（13）海事管理部门不监管检查率＝INTEG（－监管检查转化率，0.5）。

（14）海事管理部门监管检查率＝INTEG（监管检查转化率，0.5）。

（15）监管检查率＝IF THEN ELSE［（因技术监管费用提高而增加的监管检查效率＋监管检查率）≤1，因技术监管费用提高而增加的监管检查效率＋监管检查率，1］。

（16）航运企业守法守规时海事管理部门不监管检查收益＝－技术监管费用。

（17）航运企业守法守规时海事管理部门检查收益＝－技术监管费用－检查费用－政府补贴费用。

（18）航运企业违法违规与守法守规期望收益差＝航运企业违法违规期望收益（E_{eY}）－航运企业守法守规期望收益（E_{eN}）。

（19）航运企业违法违规时海事管理部门不监管检查收益＝－技术监管费用－未来追加监管费用。

（20）航运企业违法违规时海事管理部门监管检查收益＝违规罚款－技术监管费用－未来追加监管费用－检查费用。

（21）航运企业违法违规率＝违规航运企业比例。

（22）违法违规转化率＝航运企业违法违规率×（1－航运企业违法违规率）×航运企业违法违规与守法守规期望收益差。

（23）违法违规航运企业比例＝INTEG（违法违规变化率，0.5）。

2）模型稳定性检验

首先对所建立的系统动力学模型进行有效性检验，检验方法是检查改变博弈方策略后博弈系统的最终稳定状态。

　　假设博弈双方以初始策略（$\gamma = 1$、$\theta = 0.9$）开始博弈，即海事管理部门积极采取"监管检查"策略，但绝大多数（90%）的航运企业采取"违法违规"策略，博弈演化过程如图 3-5a）所示。由图 3-5a）可知，博弈开始后，航运企业违法违规率θ快速从 0.9 减小到 0，最终稳定在$\theta = 0$处，系统最终稳定在(1,0)均衡点，仿真结果表明当海事管理部门总是采取"监管检查"策略时，即使政策实施初期大部分航运企业采取"违法违规"策略，但最终会迫于检查压力而逐渐采取合作策略，遵守政策法规要求。假设博弈双方以初始策略（$\gamma = 0.2$、$\theta = 1$）开始博弈，即被航运企业总是采取"违法违规"策略，政府在以较低的检查率的策略，系统仿真结果如图 3-5b）所示。由图 3-5b）可知：海事管理部门监管检查率γ从 0.2 快速增加到 1，最终稳定在$\gamma = 1$处，系统最终稳定在(1,1)均衡点，仿真结果表明当所有航运企业都采取"违法违规"策略时，政府为了执行政策的顺利进行会逐渐趋向采取"违法检查"策略。

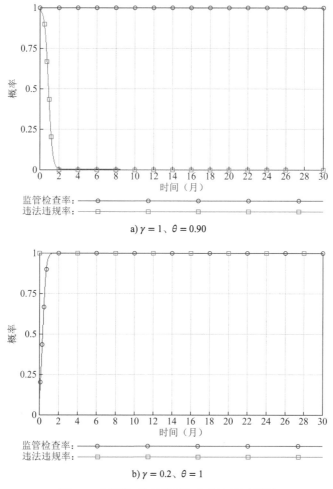

a) $\gamma = 1$、$\theta = 0.90$

b) $\gamma = 0.2$、$\theta = 1$

图 3-5　不同初始条件下各方的演化过程图

3.4.3 不同外部变量对模型的影响

本节讨论博弈双方不以均衡解开始博弈的情况下，不同外部变量对博弈过程的影响。结合前文对船舶排放控制区政策实施过程中主要问题的梳理分析，选取政策激励补贴费用、航运企业低硫燃油使用成本、政府执法行政成本、政府监管检查技术投入作为影响系统内博弈各方决策选择和系统发展变化的外部参数。

1）政策激励补贴费用对模型的影响

政策激励补贴费的合理性通常会影响航运企业执行国家相关政策要求的行为策略的选择。因此，有必要研究减免税费、提供改造津贴等不同政策激励方式对博弈双方行为的影响。假设博弈双方以初始策略（$\gamma = 0.5$，$\theta = 0.5$）开始博弈，即海事管理部门和航运企业均以 50%概率采取对抗策略时，通过改变"政策激励补贴费用"的大小，考察其对系统的影响。不同政策激励补贴费用下，各方策略变化的仿真模拟结果如图 3-6 所示。由图 3-6 可知：①随着补贴费用的提高，双方博弈周期增加；②航运企业违法违规率随着补贴费用增加先提高后减少，逐渐稳定；③随着补贴的增加，海事管理部门的监管检查率逐渐降低。综上，对于"守法守规"的航运企业，政府应适当通过奖励激励，促进航运企业执行政策；但对于"执意违规"的航运企业，一味提高补贴费用并不能改变这些航运企业选择"违规"策略。

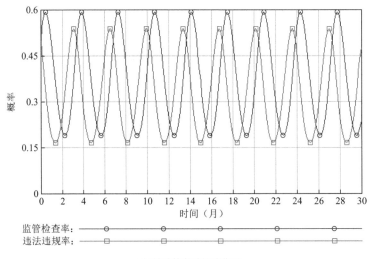

a) 初始政策激励补贴费用

图 3-6

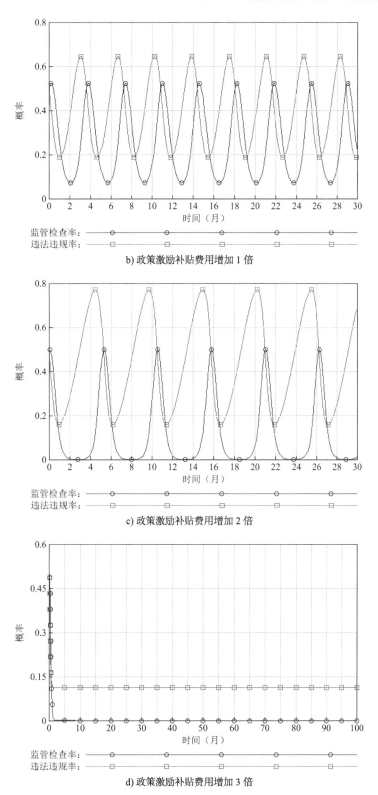

b) 政策激励补贴费用增加 1 倍

c) 政策激励补贴费用增加 2 倍

d) 政策激励补贴费用增加 3 倍

图 3-6　不同政策激励补贴费用下双方的演化过程图

2）航运企业低硫燃油使用成本对模型的影响

燃油成本是航运企业的主要成本，低硫燃油使用成本直接影响航运企业在执行政策时的行为策略选择。假设博弈双方以初始策略（$\gamma=0.5$，$\theta=0.5$）开始博弈，即政府海事管理部门和航运企业均以 50%概率采取对抗策略时，通过改变"低硫燃油使用成本"的大小，考察其对系统的影响。不同低硫燃油使用成本下，各方策略变化的仿真模拟结果如图 3-7 所示。由图 3-7 可知：①随着低硫燃油使用成本的提高，双方博弈周期增加；②随着低硫燃油使用成本的提高，航运企业的违法违规率逐渐增加，当成本提高 2 倍时违法违规率稳定在 86%；③海事管理部门的监管检查率逐渐增加，并稳定在 100%。综上，低硫燃油使用成本是影响航运企业策略选择的重要指标，当成本过高时，即使海事管理部门采取 100%的监管检查率，绝大多数的航运企业也会选择"违法违规"策略。

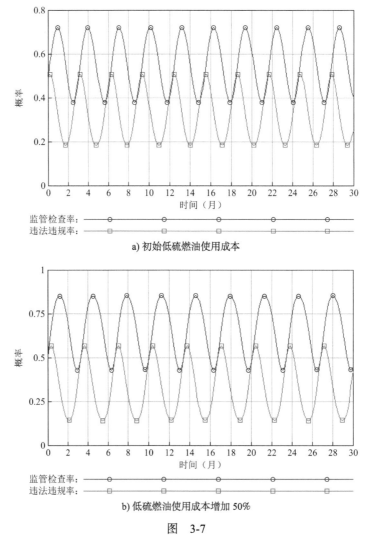

图　3-7

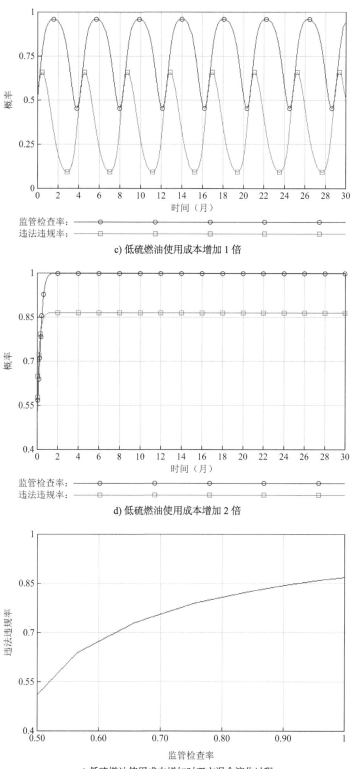

c) 低硫燃油使用成本增加 1 倍

d) 低硫燃油使用成本增加 2 倍

e) 低硫燃油使用成本增加时双方混合演化过程

图 3-7　不同低硫燃油使用成本下双方的演化过程图

3）政府执法行政成本对模型的影响

政府执法行政成本是海事管理部门开展工作的基础。假设博弈双方以初始策略（$\gamma =$ 0.5，$\theta = 0.5$）开始博弈，即海事管理部门和航运企业均以50%概率采取对抗策略时，通过改变"政府执法行政成本"的大小，考察其对系统的影响。不同政府执法行政成本下，各方比率变化的模型模拟结果如图3-8所示。由图3-8可知：①随着政府执法行政成本的提高，双方博弈周期增加，企业违法违规率增加；②随着政府执法行政成本的提高，双方最终达到平衡，即监管检查率将至最低，航运企业完全违法违规。研究发现政府执法行政成本是海事管理部门采取策略的基础，过高的政府执法行政成本，将导致船舶排放控制区政策不能得到有效执行。

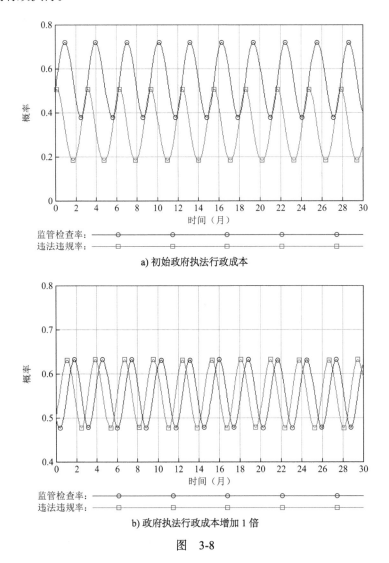

a) 初始政府执法行政成本

b) 政府执法行政成本增加 1 倍

图 3-8

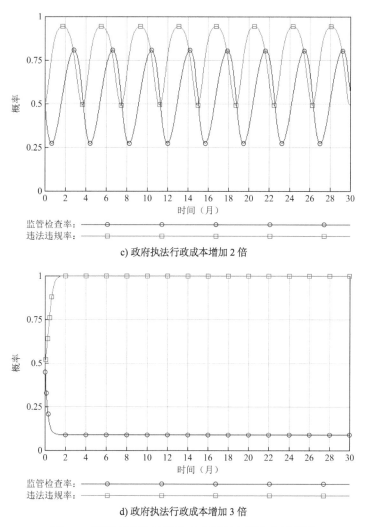

c) 政府执法行政成本增加 2 倍

d) 政府执法行政成本增加 3 倍

图 3-8　不同政府执法行政成本下双方的演化过程图

4）政府监管检查技术投入对模型的影响

技术监管已成为政府各部门提升监管能效的必要手段，技术提升需要研发经费的投入，本节以技术投入作为表征监管检查技术水平的特征量。假设博弈双方以初始策略（$\gamma = 0.5$，$\theta = 0.5$）开始博弈，即海事管理部门和航运企业均以 50% 概率采取对抗策略时，通过改变"政府监管检查技术投入"的大小，考察其对系统的影响。不同政府监管检查技术投入下，双方博弈变化的模型模拟结果如图 3-9 所示。由图 3-9 可知：①随着政府监管检查技术投入的提高，双方博弈周期增加；②政府监管检查技术投入与其所能提供的能效密切联系；③通过加大技术研发投入提升监管检查水平能效，当政府监管检查技术投入到一定水平的时候，航运企业采取完全执行政策的策略，违法违规情况完全消失。综上，技术手段的进步是提高船舶排放控制区监管效力的最佳途径。

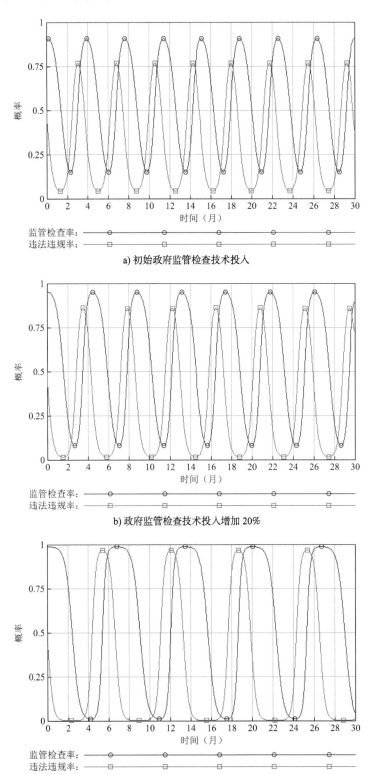

a) 初始政府监管检查技术投入

b) 政府监管检查技术投入增加20%

c) 政府监管检查技术投入增加35%

图 3-9

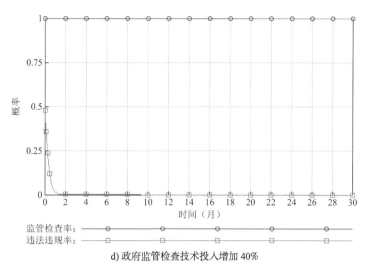

d) 政府监管检查技术投入增加 40%

图 3-9　不同政府监管检查技术投入下双方的演化过程图

─ 本 章 小 结 ─

本章首先介绍博弈论的相关理论，在此基础上结合演化博弈论的基本特征研究了船舶排放控制区监管中海事管理部门和航运企业在排放控制监管政策的行为选择及其影响因素。基于海事管理部门和航运企业有限理性前提下，构建了"船舶排放控制区政策"的博弈模型。在此基础上，首先进行了海事管理部门和航运企业在静态纯策略情况下的互动行为分析和纳什均衡。进一步建立"船舶排放控制区政策"的演化博弈模型及其系统动力学仿真模型，通过系统仿真分析了不同因素对船舶排放控制区政策执行过程中双方行为的动态影响。结果表明：

（1）基于演化博弈与系统动力学相结合的方法可以对船舶排放控制区政策实施发展进行有效模拟，既可以分析政策的外界动力因素，又可以获得政策实施后各方的策略行为，为研究船舶排放控制区政策研究提供了新的研究思路，为相关政策的优化提供了定量化的技术手段。

（2）通过"船舶排放控制区政策"的演化博弈 SD 模型仿真分析结果可知，政策激励补贴、低硫燃油使用成本、行政检查成本、技术投入显著影响排放控制区政策实施效果。

（3）本研究的博弈模型和系统动力学模型都是在对实际情况进行了大量简化和一定假设条件下所建立的，具有一定的局限性。政策在实际执行中情况更为复杂。未来研究应进一步结合实际来完善模型系统和假设条件，使其更接近真实状态下的政策措施动态博弈。

第 4 章

船舶排放监管系统三方博弈与仿真研究

通过对船舶排放控制政策中政企双方博弈与仿真研究可知，在船舶大气污染物与温室气体的监管过程中，技术手段是提高监管效力的最佳途径。海事管理部门应该积极开展监管检查技术升级，通过技术手段提高海事管理部门监管效力。但是新技术的研发需要投入较多的资金、时间和人力，海事管理部门作为政府管理方，难以独自开展此项工作。因此，引入拥有或能够开发出高技术手段的第三方服务商协助开展监管工作，将是一项重要措施和发展趋势。本章引入第三方服务商，构建海事管理部门、航运企业、第三方服务商之间的三方博弈模型，探究三方在船舶大气污染物与温室气体排放管理中决策动机与作用关系，为海事管理部门的实际管理工作提供技术指导，提升海事管理部门的监管效力，进而提升我国船舶大气污染与温室气体排放控制效果。

4.1 船舶排放监管政策下三方关系

技术手段的应用可以有效提高船舶排放控制的监管效力，但由于海事管理部门实际的监管资源与技术能力有限，一线海事执法处人员配置少、监管技术装备不足，监管能力和效率受到严重制约。我国环渤海（京津冀）、长三角、珠三角三个排放控制区靠港船舶每年约 1000 万艘次，按照欧盟有关国家对于船舶燃油的抽查率不得低于 4%的标准，我国每年仅这三个区域需抽查数十万艘船舶，基于现有技术人员力量及监测检查技术手段，这一工作量是极不现实的，但是如果不能做到有效检查和监管，政策法规设定的目标极有可能无法实现，政府信誉也将随之下降，因此有必要引入具有较先进的技术手段、能够有效地开展监管的第三方服务商协助进行守法情况监管检查。这样在船舶大气污染物与温室气体排放控制体系中就出现了三方参与者：海事管理部门、航运企业和第三方服务商。三方参与者关系如图 4-1 所示。

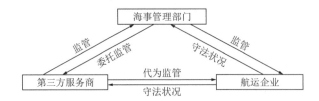

图 4-1　船舶大气污染物与温室气体排放控制体系三方参与者关系

中华人民共和国海事局制定顶层政策，各地海事局执行国家相关政策法规和履行相关国际公约，并在监管中实际开展监管执法工作，二者作为海事管理部门对航运企业的守法情况进行检查，第三方服务商受到各地海事局的委托，通过专业技术手段对各地海事局管理辖区内航行船舶和航运企业开展监管检查工作。

在欧美国家，政府通过购买服务的形式，将部分监管检查行为转为第三方服务商代理，政府只需要对第三方服务商进行监管，这样既降低了监管成本又提高了监管效率。现阶段，第三方服务商已经成为欧美部分国家监管检查的重要主体。我国近些年来也在鼓励政府通过购买服务的方式，提高管理效率。因此，在船舶排放控制管理中，也可以借鉴该经验，引入第三方服务商协助政府开展监管检查工作，并鼓励支持具有一定技术实力的第三方服务商开发新技术，逐步建立和提升权威性、专业性，在船舶大气污染物与温室气体监管领域更好地发挥作用。由此可见，第三方服务商是否独立、监管技术水平是否能够达到预期监管效果都是影响政策实施的重要因素，政府管理部门应该也需要担负监督第三方服务商的重要责任。

4.2　船舶排放控制监管系统的静态纯策略博弈分析

4.2.1　模型假设与参数设定

（1）博弈方

博弈方为海事管理部门、航运企业和第三方服务商，博弈三方的目的都是为了最大化自己的利益。博弈三方同时根据自己的情况做出策略选择，并充分了解对方的策略选择。

（2）策略

海事管理部门有两个选择：开展船舶排放控制监管检查和不开展船舶排放控制监管检查。航运企业或单个船只同样有两个选择：使用低硫燃油和使用违规燃料。第三方服务商也有两种选择：认真开展监管检查和不负责地进行监管检查。同时假定第三方服务商对航运企业有处罚和奖励的建议权，且海事管理部门会采纳其建议。

（3）支付

博弈三方的支付及参数见表 4-1。

三方静态纯策略博弈相关参数　　表 4-1

参数	含义
Bmy	海事管理部门开展监管检查的环境收益
Elmn	海事管理部门不开展监管检查的损失
Cmy	海事管理部门开展监管监管时成本
Is	航运企业运营收益
Csy	航运企业守法收规时的成本
Csn	航运企业违法违规时的成本
Cty	第三方服务商认真履职的成本
Bty	第三方服务商认真履职的收益
Ltnel	第三方服务商监测失误导致的环境损失
Ltn	第三方服务商因监测失误所导致的损失
Pt2sn	第三方服务商对航运企业违规行建议处罚
Bt2sy	第三方服务商对航运企业的建议奖励
Pm2tn	海事管理部门对第三方服务商不负责任的处罚
Bm2ty	海事管理部门对第三方服务商认真履职的奖励

4.2.2　静态纯策略博弈模型构建与分析

根据 4.2.1 节的基本假设和相关参数设定，海事管理部门、航运企业与第三方服务商之间的纯策略博弈收益矩阵见表 4-2。

海事管理部门、航运企业和第三方服务商间静态纯策略博弈收益矩阵　　表 4-2

海事管理部门	第三方服务商	航运企业	
		守法守规	违法违规
监管检查	认真履职	（Bmy − Cmy， Bty − Cty + Bm2ty − Bt2sy， Is − Csy − Bt2sy）	（−Cmy − Elmn + Pt2sn， Bty − Cty + Bm2ty， Is − Csn − Pt2sn）
	不负责任	（Bmy − Cmy， Bty − Pm2tn， Is − Csy）	（−Cmy − Elmn， −Ltnel − Pm2tn − Ltn， Is − Csn）

海事管理部门	第三方服务商	航运企业	
		守法守规	违法违规
不监管检查	认真履职	（Bmy， Bty − Cty + Bm2ty − Bt2sy， Is − Csy + Bt2sy）	（−Elmn， Bty − Cty + Bm2ty + Pt2sn， Is − Csn − Pt2sn）
	不负责任	（Bmy，Bty − Pm2tn， Is − Csy）	（−Elmn，−Ltnel − Pm2tn， Is − Csn）

对海事管理部门、航运企业与第三方服务商之间的纯策略博弈情况开展如下分析。

（1）当违法违规成本小于守法守规的收益，可知Is − Csy < Is − Csn。当Is − Csy + Bt2sy ≤ Is − Csn − Pt2sn时，此时航运企业会选择违反国内相关政策法规和国际公约，针对海事管理部门行动均采取"违法违规"的策略。也就是说，只要Is − Csy + Bt2sy ≤ Is − Csn − Pt2sn，无论第三方服务商是否采取认真履职、海事管理部门是否开展监管检查，都不会改变航运企业违规使用燃料油或其他违法违规的策略选择。当Bty − Cty + Bm2ty ≥ −Ltnel − Pm2tn，第三方服务商会选择"认真履职"策略，同时必须要满足第三方服务商对违法违规企业的建议处罚要高于海事监管和环境总体收益，即Pt2sn > Cmy + Elmn，所以−Cmy − Elmn + Pt2sn > −Elmn，海事管理部门势必会采取"监管检查"策略，此情况下存在纳什均衡，为（海事部门监管检查，第三方服务商认真履职，航运企业违法违规）。

上述情况下，该博弈模型的纳什均衡在现实监管中表现为：当航运企业为追求自身的经济利益最大化，选择不遵守国家相关政策法规和国际公约，船舶污染物排放不能得到有效控制，海事管理部门应主动采取监管行动来维护社会总体环境利益，降低环境损失。与此同时，第三方服务商应也会加强对航运企业的监测监控力度，加大对违法违规航运企业的处罚建议，震慑潜在的违法违规航运企业，避免更多船舶违规排放情况的发生，促进船舶大气污染物与温室气体相关政策有效落实。

（2）当Bty − Cty + Bm2ty + Pt2sn < −Ltnel − Pm2tn − Ltn时，第三方服务商会选择"不负责任"的策略，同时必须要满足第三方服务商对选择违法违规的航运企业的建议处罚要高于海事监管成本和环境总体收益的条件，即Pt2sn > Cmy + Elmn，所以−Cmy − Elmn + Pt2sn > −Elmn，海事管理部门必须选择"监管检查"策略，此时存在静态纳什均衡（海事管理部门监管检查，第三方服务商不负责任，航运企业违法违规）。

上述情况下，该博弈模型的纳什均衡在现实监管中的表现为：航运企业若为追求自身经济利益最大化，选择使用违规燃料或不安装船舶尾气后处理设备而违法违规时，海事管理部门必须严格执行国家相关政策法规和国际公约，积极行使其监督权，最大限度地减少社会环境的总体损失，但第三方服务商针对航运企业的违法违规行为，可能会因技术力量不足或不负责任而没有有效履行职责，从而因监管不力诱发了航运企业继续违法违规行为的现象。在此情境下，单纯依靠海事管理部门加大监管力度来遏制航运企业进行违规经营的策略，不利于船舶大气污染物与温室气体减排政策的有效落实。所以在实际工作中，海事管理部门必须对第三方服务商进行严格筛选，对其提供的服务进行专家测评和试用，因为第三方服务商作为重要补充出现，一旦不能认真履职，将极大地影响监管效力和政策落实。

（3）当 $Is - Csy + Bt2sy > Is - Csn - Pt2sn$，或 $\begin{cases} Bty - Cty + Bm2ty - Bt2sy < Bty - Pm2tn \\ Bty - Cty + Bm2ty > -Ltnel - Pm2tn \end{cases}$，或 $\begin{cases} Bty - Cty + Bm2ty - Bt2sy > Bty - Pm2tn \\ Bty - Cty + Bm2ty + Pt2sn > -Ltnel - Pm2tn - Ltn \end{cases}$ 时，该监管博弈不存在纯策略纳什均衡。本文在此基础上开展了第三方服务商、航运企业与海事管理部门间的演化博弈研究，以期能够分析第三方服务商认真履职、航运企业守法守规以及海事管理部门以不同概率进行对策选择时相互间的关系，以及不同外部参数对博弈结果影响分析。

4.3　船舶排放控制监管系统的演化博弈分析

海事管理部门不仅要监督航运企业的短期行为，更要关注航运企业长期超标排放大气污染物和温室气体所造成的累积影响，以及第三方服务商长期监管效果。本文利用博弈论来分析海事管理部门与航运企业之间在船舶减排监管问题上的利益冲突，不仅限于短期博弈均衡的预测或对一次性博弈结果进行预测，更为关键且重要的是，在相对稳定的条件下，分析和预测海事管理部门、航运企业和第三方服务商的长期动态博弈过程。

因此，本节将构建船舶排放控制监管系统的演化博弈模型，以研究和分析海事管理部门、航运企业和第三方服务商之间的动态博弈情况与外部参数对博弈过程的影响。

4.3.1　模型假设

由 4.1 节可知，船舶排放控制政策的实施，双向增加了海事管理部门和航运企业的成本，当海事管理部门监管能力不足时，有必要通过引入第三方服务商来提升监管效力，保证政策的落实。由此，首先对该问题做出如下假设。

（1）博弈方

本监管系统博弈模型中，博弈由三方组成，分别是海事管理部门、航运企业和第三方服务商。

（2）非完全理性

假设参与博弈中的各方都是有限理性的，都是以求取自身利益或所代表的社会利益最大化为目标；参与三方根据自身情况做出策略选择。

（3）策略方式

假设在本监管系统博弈参与方的策略选择均为"是""否"两种。

航运企业和海事管理部门的决策目的已在 3.3.1 节进行了分析，本节重点对第三方服务商的决策逻辑进行分析。

第三方服务商作为船舶排放控制政策的重要参与单位，其存在目的是提供能够保证政策可以得到有效执行的技术手段和监管方式，降低海事管理部门监管压力。但是实际中第三方服务商不得不面对两个问题：一是第三方服务商的监管技术不是完全有能力完成对管辖区域所有船舶进行全面且实时的监测，因为其成本太高，所以第三方服务商采用的是筛查与重点检查联合方式进行监管检查；二是由于第三方服务商承担了监管安插任务，势必要付出相应的成本，但从每一个理性经纪人角度考虑，其必将向着自身利益最大化方向进行选择，所以也存在不完全认真履职的情况。因此第三方服务商策略也有两种：一是认真履职，二是不负责任或技术手段不足，即开展船舶燃油合规性检查和不开展船舶燃油合规性检查。

在三方博弈中，由于博弈方的策略选择带有一定的随机性，可以用混合战略博弈来描述海事管理部门、航运企业和第三方服务商之间的均衡策略选择。博弈三方演化博弈相关参数见表 4-3。

船舶排放控制监管系统三方演化博弈相关参数 表 4-3

参数	含义
X	海事管理部门监管检查率
Y	航运企业守法守规率
Z	第三方服务商认真履职率
Cmy	海事管理部门对航运企业进行监管检查的支付成本
$Elmn$	海事管理部门不进行监管检查全社会承担的环境损失
$Bm2sy$	海事管理部门对守法守规航运企业进行的奖励
$Pm2sn$	海事管理部门对违法违规航运企业进行的处罚
$Bm2ty$	海事管理部门对第三方服务商认真履职的奖励。
$Pm2tn$	海事管理部门对第三方服务商监督发现其不负责任的处罚
Isy	航运企业进行守法守规可以取得的正常收益
Csn	航运企业违法违规节约环保成本

参数	含义
Csy2t	航运企业成功被第三方服务商包庇支付的费用成本
Csn2t	航运企业成功寻租不成功时的费用成本
Cty	第三方服务商认真履职的成本
Rttn	技术监管筛查失误率
Bty	第三方服务商认真履职可获取的正常收入
Bs2tn	第三方服务商从违法违规航运企业取得的灰色收入
Ltn	第三方服务商失职需承担的期望损失成本

4.3.2　问题的模型化

根据 4.3.1 节的假设条件，结合船舶大气污染物与温室气体排放管理的实际情况，本节建立船舶排放控制监管系统演化博弈模型，以下为具体模型描述。

海事管理部门以监管检查率 X（$0 \leqslant X \leqslant 1$）对航运企业的船舶大气污染物与温室气体排放情况进行监管检查，同时假设海事管理部门对航运企业进行监管检查所需支付的成本为 Cmy。如果海事管理部门不进行监管检查，则航运企业可能违反相关国家相关政策法规和国际公约，导致我国船舶大气污染物与温室气体排放量上升，将导致全社会承担由于环境变恶劣而导致的全社会环境损失 Elmn；如果海事管理部门对航运企业进行监管检查，发现其存在违法违规的行为并对其进行处罚 Pm2sn，如果航运企业积极配合执行相关减排法规和公约，则受到奖励 Bm2sy。同理，当海事管理部门需要对第三方服务商进行监管检查时，如果发现其认真履职奖励 Bm2ty，若第三方服务商没有履行职责，则处罚 Pm2tn。

假设航运企业遵照国家相关政策法规和国际公约开展了船舶大气污染物与温室气体相关减排规定，则其守法守规率为 Y（$0 \leqslant Y \leqslant 1$），当航运企业守法守规进行生产经营时，可以取得的正常收益为 Isy，当航运企业采用违规燃料等违法违规手段进行生产经营时，则可以节约环保成本 Csn。

假设航运企业可以通过"合谋"来向第三方服务商输送利益，以期第三方服务商在监测监管时放任其违法违规，并包庇其违法违规行为。航运企业成功寻求第三方服务商的包庇所需支付的费成本为 Csy2t，不能成功被包庇时的费用成本为 Csn2t。

假设第三方服务商以认真履职率 Z（$0 \leqslant Z \leqslant 1$）对航运企业进行日常防污染筛查监管。当第三方服务商不进行监管时，其利用自己的权利与航运企业"合谋"，对航运企业的违法违规行为进行包庇。假设第三方服务商认真履职的成本为Cty，但在现实之中即使认真履行职责，首先与技术条件等因素出现监管不足的情况，监管未覆盖率为Rttn；第三方服务商认真履职可以获取的正常收入为Bty，而不负责任，包庇违规航运企业与之"合谋"时，将获得来自航运企业的灰色收益Bs2tn，第三方服务商失职需承担的期望损失成本Ltn。

此外，假设航运企业成功寻求第三方服务商的包庇所需支付的费用成本小于航运企业采用违规燃料等违法违规手段进行生产经营可以节约的环保成本，即Csy2t < Csn；航运企业成功寻求第三方服务商的包庇所需支付的费用成本大于不能成功被包庇时的费用成本，即Csn2t < Csy2t；第三方服务商认真履职的成本大于海事管理部门对航运企业进行监管检查所需支付的成本Cty > Cmy；第三方服务商从航运企业得到的灰色收益大于其所需承担的期望损失，但小于航运企业成功寻求第三方服务商的包庇所需支付的费用成本，即Ltn < Bs2tn < Csy2t。

由以上基本假定和描述可得海事管理部门、第三方服务商与航运企业的博弈收益矩阵，见表4-4。

船舶排放控制监管系统三方演化博弈收益矩阵　　　　表4-4

策略	海事管理部门监管检查 X		海事管理部门不监管检查 $(1-X)$	
	航运企业守法守规 Y	航运企业违法违规 $(1-Y)$	航运企业守法守规 Y	航运企业违法违规 $(1-Y)$
第三方服务商认真履职 (Z)	$(-Cmy - Bm2sy - Bm2ty,$ $Bm2sy + Isy,$ $Bty - Cty + Bm2ty)$	$[Pm2sn - Cmy - (1 - Rttn)Bm2ty +$ $Rttn \times Pm2tn,$ $Csn + Isy - Pm2sn - Csn2t,$ $(1 - Rttn) \times (Bm2ty + Bty - Cty) +$ $Rttn \times (Bty - Cty - Pm2tn)]$	$(0, Isy,$ $Bty - Cty)$	$(-Elmn,$ $Isy + Csn - Csn2t,$ $Bty - Cty)$
第三方服务商不负责任 $(1-Z)$	$(Pm2tn - Cmy - Bm2sy,$ $Bm2sy + Isy,$ $Bty - Ltn - Pm2tn)$	$(Pm2sn + Pm2tn - Cmy,$ $Isy + Csn - Pm2sn - Csy2t,$ $Bs2tn + Bty - Pm2tn - Ltn)$	$(0, Isy,$ $Bty - Ltn)$	$(-Elmn,$ $Csn + Isy - Csy2t,$ $Bs2tn + Bty - Ltn)$

系统动力学模型中涉及到的关系方程为：

（1）第三方服务商认真履职、航运企业守法守规时，海事管理部门监管检查收益：$Y \times Z \times (-Cmy - Bm2sy - Bm2ty)$。

（2）第三方服务商认真履职、海事管理部门监管检查时，航运企业守法守规收益：$X \times Z \times (Bm2sy + Isy)$。

（3）海事管理部门监管检查、航运企业守法守规时，第三方服务商认真履职收益：

$X \times Y \times (\mathrm{Bty} - \mathrm{Cty} + \mathrm{Bm2ty})$。

（4）第三方服务商不负责任、航运企业守法守规时，海事管理部门监管检查收益：

$Y \times (1 - Z) \times (\mathrm{Pm2tn} - \mathrm{Cmy} - \mathrm{Bm2sy})$。

（5）第三方服务商不负责任、海事管理部门监管检查时，航运企业守法守规收益：

$X \times (1 - Z) \times (\mathrm{Bm2sy} + \mathrm{Isy})$。

（6）海事管理部门监管检查、航运企业守法守规时，第三方服务商不负责任收益：

$X \times Y \times (\mathrm{Bty} - \mathrm{Ltn} - \mathrm{Pm2tn})$。

（7）第三方服务商认真履职、航运企业违法违规时，海事管理部门监管检查收益：

$(1 - Y) \times Z \times [\mathrm{Pm2sn} - \mathrm{Cmy} - (1 - \mathrm{Rttn})\mathrm{Bm2ty} + \mathrm{Rttn} \times \mathrm{Pm2tn}]$。

（8）第三方服务商认真履职、海事管理部门监管检查时，航运企业违法违规收益：

$X \times Z \times (\mathrm{Csn} + \mathrm{Isy} - 2\mathrm{sn} - \mathrm{Csn2t})$。

（9）海事管理部门监管检查、航运企业违法违规时，第三方服务商认真履职收益：

$X \times (1 - Y) \times [(1 - \mathrm{Rttn}) \times (\mathrm{Bm2ty} + \mathrm{Bty} - \mathrm{Cty}) + \mathrm{Rttn} \times (\mathrm{Bty} - \mathrm{Cty} - \mathrm{Pm2tn})]$。

（10）第三方服务商不负责任、航运企业违法违规时，海事管理部门监管检查收益：

$(1 - Y) \times (1 - Z) \times (\mathrm{Pm2sn} + \mathrm{Pm2tn} - \mathrm{Cmy})$。

（11）第三方服务商不负责任、海事管理部门监管检查时，航运企业违法违规收益：

$X \times (1 - Z) \times (\mathrm{Isy} + \mathrm{Csn} - \mathrm{Pm2sn} - \mathrm{Csy2t})$。

（12）海事管理部格监管检查、航运企业违法违规时，第三方服务商不负责任收益：

$X \times (1 - Y) \times (\mathrm{Bs2tn} + \mathrm{Bty} - \mathrm{Pm2tn} - \mathrm{Ltn})$。

（13）第三方服务商认真履职、航运企业守法守规时，海事管理部门不监管检查收益：0。

（14）第三方服务商认真履职、海事管理部门不监管检查时，航运企业守法守规收益：

$(1 - X) \times Z \times \mathrm{Isy}$。

（15）海事管理部门不监管检查、航运企业守法守规时，第三方服务商认真履职收益：

$(1 - X) \times (1 - Y) \times (\mathrm{Bty} - \mathrm{Cty})$。

（16）第三方服务商不负责任、航运企业守法守规时，海事管理部门不监管检查收益：0。

（17）第三方服务商不负责任、海事管理部门不监管检查时，航运企业守法守规收益：

$(1 - X) \times (1 - Z) \times \mathrm{Isy}$。

（18）海事管理部门不监管检查、航运企业守法守规时，第三方服务商不负责任收益：

$(1 - X) \times Y \times (\text{Bty} - \text{Ltn})$。

（19）第三方服务商认真履职、航运企业违法违规时,海事管理部门不监管检查收益:

$(1 - Y) \times Z \times (-\text{Elmn})$。

（20）第三方服务商认真履职、海事管理部门不监管检查时,航运企业违法违规收益:

$(1 - X) \times Z \times (\text{Isy} + \text{Csn} - \text{Csn2t})$。

（21）海事管理部门不监管检查、航运企业违法违规时,第三方服务商认真履职收益:

$(1 - X) \times (1 - Y) \times (\text{Bty} - \text{Cty})$。

（22）第三方服务商不负责任、航运企业违法违规时,海事管理部门不监管检查收益:

$(1 - Y) \times (1 - Z) \times (-\text{Elmn})$。

（23）第三方服务商不负责任、海事管理部门不监管检查时,航运企业违法违规时收益:$(1 - X) \times (1 - Z) \times (\text{Csn} + \text{Isy} - \text{Csy2t})$。

（24）海事管理部门不监管检查、航运企业违法违规时,第三方服务商不负责任收益:$(1 - X) \times (1 - Y) \times (\text{Bs2tn} + \text{Bty} - \text{Ltn})$。

4.3.3 监管系统的混合演化博弈分析

1）海事管理部门的三方博弈演化复制动态方程

设海事管理部门"监管检查"的期望收益、海事管理部门"不监管检查"的期望收益及海事管理部门的平均期望收益分别为E_{mY}、E_{mN}、E_m，根据表4-4中博弈模型假设及收益矩阵，可做如下推导。

海事管理部门监管检查期望收益E_{mY}为:

$$E_{mY} = Z \times Y \times (-\text{Cmy} - \text{Bm2sy} - \text{Bm2ty}) + Z \times (1 - Y) \times$$
$$(\text{Pm2sn} - \text{Cmy} - (1 - \text{Rttn})\text{Bm2ty} + \text{Rttn} \times \text{Pm2tn}) +$$
$$(1 - Z) \times Y \times (\text{Pm2tn} - \text{Cmy} - \text{Bm2sy}) + (1 - Z) \times (1 - Y) \times$$
$$(\text{Pm2sn} + \text{Pm2tn} - \text{Cmy}) \tag{4-1}$$

海事管理部门不监管检查期望收益E_{mN}为:

$$E_{mN} = Z \times Y \times 0 + Z \times (1 - Y) \times (-\text{Elmn}) + (1 - Z) \times$$
$$Y \times 0 + (1 - Z) \times (1 - Y) \times (-\text{Elmn}) \tag{4-2}$$

海事管理部门平均收益$E_m = X \times$海事管理部门监管检查期望收益$ + (1 - X) \times$海事管理部门不监管检查期望收益$= X \times E_{mY} + (1 - X) \times E_{mN}$。

则海事管理部门策略的复制动态方程为:

$$M(X, Y, Z) = \mathrm{d}X / \mathrm{d}t = X(E_{\mathrm{mY}} - E_{\mathrm{m}}) = X(1 - X)(E_{\mathrm{mY}} - E_{\mathrm{mN}})$$
$$= X(1 - X)\{YZ(-\mathrm{Cmy} - \mathrm{Bm2sy} - \mathrm{Bm2ty}) +$$
$$Y(1 - Z)(-\mathrm{Cmy} - \mathrm{Bm2sy} + \mathrm{Pm2tn}) +$$
$$(1 - Y)Z[(-\mathrm{Cmy} + \mathrm{Pm2sn} - (1 - \mathrm{Rttn})\mathrm{Bm2ty} + \mathrm{Rttn} \times \mathrm{Pm2tn} +$$
$$\mathrm{Elmn})] + (1 - Y)(1 - Z)(-\mathrm{Cmy} + \mathrm{Pm2sn} + \mathrm{Pm2tn} + \mathrm{Elmn})\} \tag{4-3}$$

2）航运企业的三方博弈演化复制动态方程

假设航运企业"守法守规"的期望收益、航运企业"违法违规"的期望收益及航运企业的平均期望收益分别为E_{sY}，E_{sN}和E_{s}，根据表 4-4 中博弈模型假设及收益矩阵，可做如下推导。

航运企业守法守规时期望收益E_{sY}为：
$$E_{\mathrm{sY}} = X \times Z \times (\mathrm{Bm2sy} + \mathrm{Isy}) + (1 - X) \times Z \times \mathrm{Isy} + (1 - Z) \times X \times$$
$$(\mathrm{Bm2sy} + \mathrm{Isy}) + (1 - X) \times (1 - Z) \times \mathrm{Isy} \tag{4-4}$$

航运企业违法违规时期望收益E_{sN}为：
$$E_{\mathrm{sN}} = X \times Z \times (\mathrm{Csn} + \mathrm{Isy} - \mathrm{Pm2sn} - \mathrm{Csn2t}) + (1 - X) \times$$
$$Z \times (\mathrm{Isy} + \mathrm{Csn} - \mathrm{Csn2t}) + (1 - Z) \times$$
$$X \times (\mathrm{Isy} + \mathrm{Csn} - \mathrm{Pm2sn} - \mathrm{Csy2t}) +$$
$$(1 - X) \times (1 - Z) \times (\mathrm{Csn} + \mathrm{Isy} - \mathrm{Csy2t}) \tag{4-5}$$

航运企业平均收益$E_{\mathrm{s}} = Y \times$ 航运企业守法守规时期望收益 $+ (1 - Y) \times$ 航运企业违法违规时期望收益 $= Y \times E_{\mathrm{sY}} + (1 - Y) \times E_{\mathrm{sN}}$。

则航运企业策略的复制动态方程为：
$$S(X, Y, Z) = \mathrm{d}Y / \mathrm{d}t = Y(E_{\mathrm{sY}} - E_{\mathrm{s}}) = Y(1 - Y)(E_{\mathrm{sY}} - E_{\mathrm{sN}})$$
$$= Y(1 - Y)[XZ(\mathrm{Bm2sy} + \mathrm{Pm2sn} + \mathrm{Csn2t} - \mathrm{Csn}) +$$
$$X(1 - Z)(\mathrm{Bm2sy} + \mathrm{Pm2sn} + \mathrm{Csy2t} - \mathrm{Csn}) +$$
$$(1 - X)Z(\mathrm{Csn2t} - \mathrm{Csn}) + (1 - X)(1 - Z)(\mathrm{Csy2t} - \mathrm{Csn})] \tag{4-6}$$

3）第三方服务商的三方博弈演化复制动态方程

假设第三方服务商"认真履职"的期望收益、第三方服务商"不负责任"的期望收益及第三方服务商平均期望收益分别为E_{tY}，E_{tN}和E_{t}，根据表 4-4 中博弈模型假设及收益矩阵，可做如下推导。

第三方服务商认真履职时期望收益E_{tY}为：
$$E_{\mathrm{tY}} = X \times Y \times (\mathrm{Bty} - \mathrm{Cty} + \mathrm{Bm2ty}) + (1 - Y) \times X \times$$
$$[(1 - \mathrm{Rttn}) \times (\mathrm{Bm2ty} + \mathrm{Bty} - \mathrm{Cty}) + \mathrm{Rttn} \times$$
$$(\mathrm{Bty} - \mathrm{Cty} - \mathrm{Pm2tn})] + (1 - X) \times Y \times$$
$$(\mathrm{Bty} - \mathrm{Cty}) + (1 - X) \times (1 - Y) \times (\mathrm{Bty} - \mathrm{Cty}) \tag{4-7}$$

第三方服务商不负责任时期望收益E_{tN}为：

$$E_{tN} = X \times (1-Z) \times (Bty - Ltn - Pm2tn) + X \times (1-Y) \times$$
$$(Bs2tn + Bty - Pm2tn - Ltn) + (1-X) \times Y \times (Bty - Ltn) +$$
$$(1-X) \times (1-Y) \times (Bs2tn + Bty - Ltn) \tag{4-8}$$

第三方服务商平均收益$E_t = Z \times$第三方服务商认真履职时期望收益$+ (1-Z) \times$第三方服务商不负责任时期望收益$= Z \times E_{tY} + (1-Z) \times E_{tN}$。

则航运企业策略的复制动态方程为：

$$T(X, Y, Z) = dZ/dt = Z(E_{tY} - E_t) = Z(1-Z)(E_{tY} - E_{tN})$$
$$= Z(1-Z)\{XY(Bm2ty - Cty + Ltn + Pm2tn) +$$
$$X(1-Y)[(1-Rttn)(Rttn + Bty - Cty) +$$
$$Rttn(Bty - Cty - Pm2tn) - Bty - Bs2tn + Ltn + Pm2tn] +$$
$$(1-X)Y(Ltn - Cty) + (1-X)(1-Y)(-Cty - Bs2tn + Ltn)\} \tag{4-9}$$

综上，可以得到船舶排放控制系统三方博弈演化复制动态方程组：

$$\begin{cases} M(X, Y, Z) = X(1-X)(E_{mY} - E_{mN}) \\ S(X, Y, Z) = Y(1-Y)(E_{sY} - E_{sN}) \\ T(X, Y, Z) = Z(1-Z)(E_{tY} - E_{tN}) \end{cases} \tag{4-10}$$

4.4 监管系统演化博弈模型的仿真分析

4.4.1 系统动力学演化模型

根据 4.3.3 节所建立的博弈模型，本节利用 Vensim 软件建立了船舶排放控制区监管系统演化博弈的系统动力学模型。

该模型主要由 3 个存量、3 个流率变量、12 个外部辅助变量和 34 个中间变量构成。3 个存量分别表示在船舶排放控制系统中海事管理部门所采取的"监管检查"策略比例、航运企业采取的"守法守规"策略比例及第三方服务商采取"认真履职"策略比例；3 个流率变量分别表示海事管理部门采取"监管检查→不监管检查"策略的转化率、航运企业采取"违法违规→守法守规"策略的转化率、第三方服务商采取"不负责任→认真履职"策略的转化率；其中 12 个辅助变量分别对应表 4-2 博弈收益矩阵中的模型假设参数，34 个中间变量是博弈各方收益情况。船舶排放控制系统的系统动力学图如图 4-2 所示。船舶排放控制系统的系统动力学流图由海事管理部门、航运企业、第三方服务商的三个子系统流图组成，如图 4-3 所示。

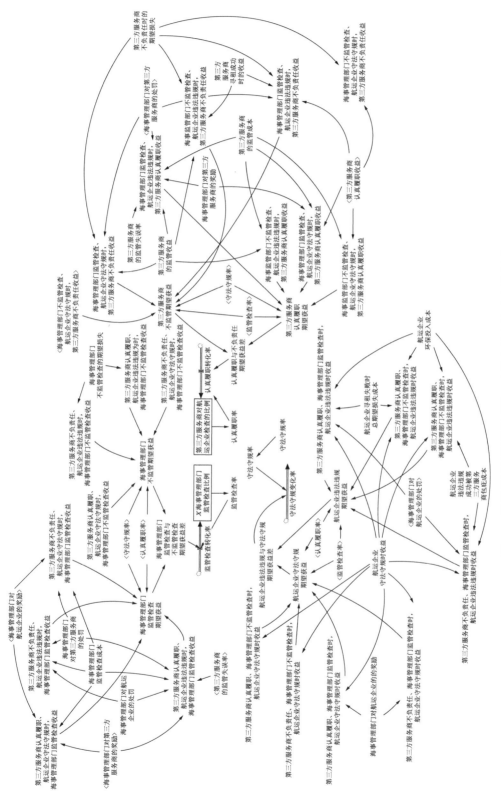

图 4-2　船舶排放控制监管系统三方博弈的系统动力学流图

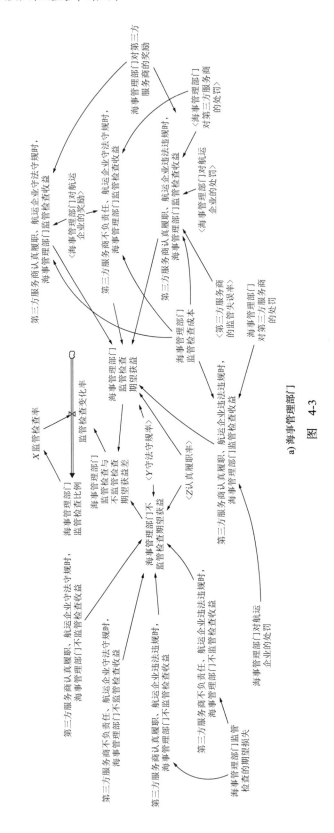

a) 海事管理部门

图 4-3

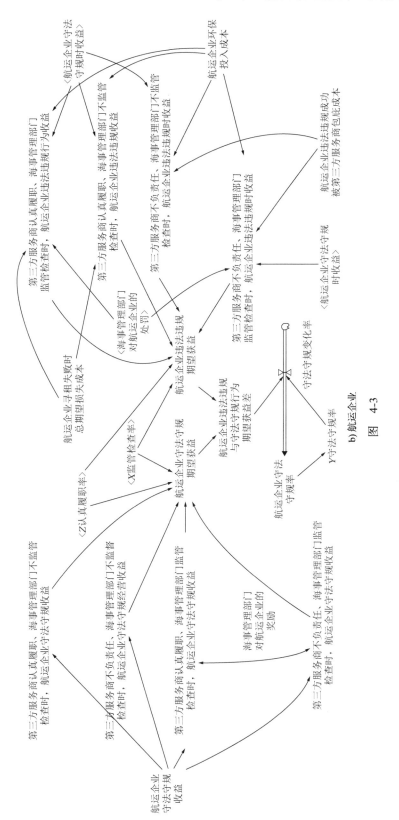

b) 航运企业

图 4-3

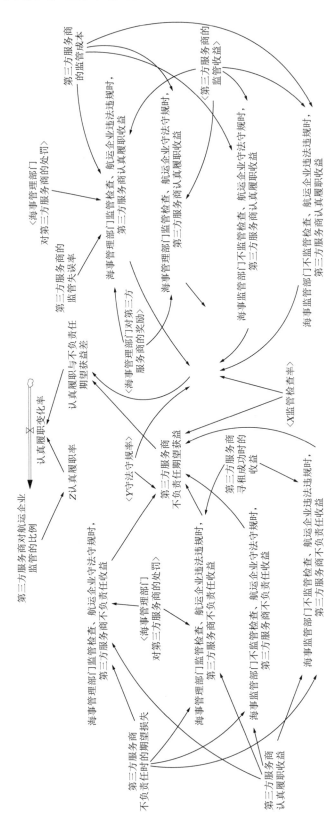

c) 第三方服务商

图 4-3　船舶排放控制监管系统三方博弈系统动力学子系统流图

对系统动力学模型初始条件做如下值假设：仿真起始时间 INITIAL TIME = 0；仿真结束时间为 100 个时间 FINAL TIME = 100；时间步长 TIME STEP = 0.25 时间单位。模型初始数据设置外部辅助变量初始值见表 4-5。

SD 模型变量及初始取值 表 4-5

符号	意义	初始值
X	海事管理部门监管检查率（监管检查率）	0.3
Y	航运企业守法守规率（守法守规率）	0.6
Z	第三方服务商认真履职率（认真履职率）	0.9
Cmy	海事管理部门对航运企业进行监管检查的支付成本	0.5
Elmn	海事管理部门不进行监管检查全社会承担的环境损失	6
Bm2sy	海事管理部门对守法守规航运企业进行的奖励	3
Pm2sn	海事管理部门对违法违规航运企业进行的处罚	5
Bm2ty	海事管理部门对第三方服务商认真履职的奖励	2
Pm2tn	海事管理部门需要对第三方服务商进行监督不履行职责的处罚	3
Isy	航运企业进行守法守规可以取得的正常收益	11
Csn	航运企业违法违规节约环保成本	5
Csy2t	航运企业成功被第三方服务商包庇支付的费用成本	3
Csn2t	航运企业成功寻租不成功时的费用成本	2
Cty	第三方服务商认真履职的成本	1
Rttn	技术监管筛查失误率	0.2
Bty	第三方服务商务认真履职可获取的正常收入	6
Bs2tn	第三方服务商从违法违规航运企业取得的灰色收入	2
Ltn	第三方服务商失职需承担的期望损失成本	1

系统动力学模型中涉及到的关系方程为：

（1）−Cmy − Bm2sy − Bm2ty第三方服务商认真履职、航运企业守法守规时，海事管理部门监管检查收益 = −Cmy海事管理部门监管检查成本 − Bm2sy海事管理部门对航运企业的奖励 − Bm2ty海事管理部门对第三方服务商的奖励。

（2）−Elmn第三方服务商不负责任、航运企业违法违规时，海事管理部门不监管检查收益 = −Elmn海事管理部门忽视监管检查的期望损失。

（3）−Elmn第三方服务商认真履职、航运企业违法违规时，海事管理部门不监管检查收益 = −Elmn海事管理部门忽视监管检查的期望损失。

（4）第三方服务商不负责任、航运企业守法守规时，海事管理部门不监管检查收

益 = 0。

（5）第三方服务商认真履职、航运企业守法守规时，海事管理部门不监管检查收益 = 0。

（6）Bm2ty海事管理部门对第三方服务商的奖励 = 2。

（7）Bm2sy + Isy第三方服务商不负责任、海事管理部门监管检查时，航运企业守法守规经营时收益 = Bm2sy海事管理部门对航运企业的奖励 + Isy航运企业守法守规时收益。

（8）Bm2sy + Isy第三方服务商认真履职、海事管理部门监管检查时，航运企业守法守规经营时收益 = Bm2sy海事管理部门对航运企业的奖励 + Isy航运企业守法守规时收益。

（9）Bm2sy海事管理部门对航运企业的奖励 = 3。

（10）Cty第三方服务商的监管成本 = 1。

（11）Csn + Isy − Pm2sn − Csn2t第三方服务商认真履职、海事管理部门监管检查时，航运企业违法违规收益 = Csn航运企业环保投入成本 + Isy航运企业守法守规时收益 − Pm2sn海事管理部门对航运企业的处罚 − Csn2t航运企业寻租失败时总期望损失成本。

（12）Csn + Isy − Csy2t第三方服务商不负责任、海事管理部门不监管检查时，航运企业违法违规时收益 = Csn航运企业环保投入成本 + Isy航运企业守法守规时收益 − Csy2t航运企业违法违规成功被包庇成本。

（13）Csn航运企业环保投入成本 = 5。

（14）Cmy海事管理部门监管检查成本 = 0.5。

（15）Ltn第三方服务商不负责任时的期望损失 = 1。

（16）Elmn海事管理部门不监管检查的期望损失 = 6。

（17）Pm2tn − Cmy − Bm2sy第三方服务商不负责任、航运企业守法守规时，海事管理部门监管检查收益 = Pm2tn海事管理部门对第三方服务商的处罚 − Cmy海事管理部门监管检查成本 − Bm2sy海事管理部门对航运企业的奖励。

（18）Pm2tn海事管理部门对第三方服务商的处罚 = 3。

（19）Pm2sn + Pm2tn − Cmy第三方服务商不负责任、航运企业违法违规时，海事管理部门监管检查收益 = Pm2sn海事管理部门对航运企业的处罚 + Pm2tn海事管理部门对第三方服务商的处罚 − Cmy海事管理部门监管检查成本。

（20）Pm2sn − Cmy − (1 − Rttn) × Bm2ty + Rttn × Pm2tn第三方服务商认真履职、航运企业违法违规时，海事管理部门监管检查收益 = Pm2sn海事管理部门对航运企业的处罚 − Cmy海事管理部门监管检查成本 −（1 − Rttn 技术监管筛查失误率）× Bm2ty海事管理部门对第三方服务商的奖励 + Rttn技术监管筛查失误率 × Pm2tn海事管理部门对第三方服务商的处罚。

（21）Pm2sn海事管理部门对航运企业的处罚 = 5。

（22）Rttn技术监管筛查失误率 = 0.1。

（23）Csy2t航运企业违法违规成功被包庇成本 = 3。

（24）Csn2航运企业寻租失败时总期望损失成本 = 2。

（25）X监管检查率 = 海事管理部门监管检查的比率。

（26）Y守法守规率 = 航运企业守法守规的比率。

（27）Z认真履职率 = 第三方服务商对航运企业检查的比率。

（28）Bs2tn + Bty − Ltn海事管理部门不监管检查、航运企业违法违规时，第三方服务商不负责任收益 = Bs2tn第三方服务商寻租成功是的收益 + Bty第三方服务商的监管收益 − Ltn第三方服务商不负责任时的期望损失。

（29）Bs2tn + Bty − Pm2tn − Ltn海事管理部门监管检查、航运企业违法违规时，第三方服务商不负责任收益 = Bs2tn第三方服务商寻租成功时的收益 + Bty第三方服务商的监管收益 − Pm2tn海事管理部门对第三方服务商的处罚 − Ltn第三方服务商不负责任时的期望损失。

（30）Bs2tn第三方服务商寻租成功时的收益 = 2。

（31）Bty − Cty海事管理部门不监管检查、航运企业违法违规时，第三方服务商认真履职收益 = Bty第三方服务商的监管收益 − Cty第三方服务商的监管成本。

（32）Bty − Cty海事管理部门不监管检查、航运企业守法守规时，第三方服务商认真履职收益 = Bty第三方服务商的监管收益 − Cty第三方服务商的监管成本。

（33）Bty − Cty + Bm2ty海事管理部门、航运企业守法守规时，第三方服务商认真履职收益 = Bty第三方服务商的监管收益 − Cty第三方服务商的监管成本 + Bm2ty海事管理部门对第三方服务商的奖励。

（34）Bty − Ltn海事管理部门不监管检查、航运企业守法守规时，第三方服务商不负责任收益 = Bty第三方服务商的监管收益 − Ltn第三方服务商不负责任时的期望损失。

（35）Bty − Ltn − Pm2tn海事管理部门监管检查、航运企业守法守规时，第三方服务

商不负责任收益 = Bty第三方服务商的监管收益 − Ltn第三方服务商不负责任时的期望损失 − Pm2tn海事管理部门对第三方服务商的处罚。

（36）Bty第三方服务商的监管收益 = 6。

（37）Isy第三方服务商不负责任、海事管理部门不监管检查时，航运企业守法守规时收益 = Isy航运企业守法守规时收益。

（38）Isy + Csn − Pm2sn − Csy2t第三方服务商不负责任、海事管理部门监管检查时，航运企业违法违规时收益 = Isy航运企业守法守规时收益 + Csn航运企业环保投入成本 − Pm2sn海事管理部门对航运企业的处罚 − Csy2t航运企业违法违规成功被包庇成本。

（39）Isy + Csn − Csn2t第三方服务商认真履职、海事管理部门不监管检查时，航运企业违法违规行为收益 = Isy航运企业守法守规时收益 + Csn航运企业环保投入成本 − Csn2t航运企业寻租失败时总期望损失成本。

（40）Isy航运企业守法守规时收益 = 11。

（41）海事管理部门监管检查与不监管检查的期望获益差 = 海事管理部门监管检查的期望获益 − 海事管理部门不监管检查的期望获益。

（42）海事管理部门监管检查的期望获益 = 认真履职率 × 守法守规率 × "第三方服务商认真履职、航运企业守法守规时，海事管理部门监管检查收益" + 认真履职率 ×（1 − 守法守规率）× "第三方服务商认真履职、航运企业违法违规时，海事管理部门监管检查收益" +（1 − 认真履职率）× 守法守规率 × "第三方服务商不负责任、航运企业守法守规时，海事管理部门监管检查收益" +（1 − 认真履职率）×（1 − 守法守规率）× "第三方服务商不负责任、航运企业违法违规时，海事管理部门监管检查收益"。

（43）海事管理部门不监管检查的期望获益 = 认真履职率 × 守法守规率 × "第三方服务商认真履职、航运企业守法守规时，海事管理部门不监管检查收益" +（1 − 认真履职率）× 守法守规率 × "第三方服务商不负责任、航运企业违法违规时，海事管理部门不监管检查收益" +（1 − 认真履职率）× 守法守规率 × "第三方服务商不负责任、航运企业守法守规入时，海事管理部门不监管检查收益" +（1 − 认真履职率）×（1 − 守法守规率）× "第三方服务商认真履职、航运企业违法违规为时，海事管理部门不监管检查收益"。

（44）监管检查率 = INTEG（海事管理部门监管检查变化率，0.2）。

（45）航运企业守法守规转化率 = 守法守规率×（1 − 守法守规率）×航运企业守法守规与违法违规期望获益差。

（46）海事管理部门监管检查转化率 = 监管检查率×（1 − 监管检查率）×海事管理部门监管检查与不监管检查期望获益差。

（47）第三方服务商监管转化率 = 认真履职率×（1 − 认真履职率）×第三方服务商认真监管与不监管期望获益差。

（48）第三方服务商不负责任期望获益 = 监管检查率×守法守规率×"海事管理部门监管检查、航运企业守法守规时，第三方服务商不负责任收益" + 监管检查率×（1 − 守法守规率）×"海事管理部门监管检查、航运企业违法违规时，第三方服务商不负责任收益" +（1 − 监管检查率）×守法守规率×"海事管理部门不监管检查、航运企业守法守规时，第三方服务商不负责任收益" +（1 − 监管检查率）×（1 − 守法守规率）×"海事管理部门不监管检查、航运企业违法违规时，第三方服务商不负责任收益"。

（49）第三方服务商认真履职期望获益 = 监管检查率×守法守规率×"海事管理部门监管检查、航运企业守法守规时，第三方服务商认真履职收益" + 监管检查率×（1 − 守法守规率）×"海事管理部门监管检查、航运企业违法违规时，第三方服务商认真履职收益" +（1 − 监管检查率）×守法守规率×"海事管理部门不监管检查、航运企业守法守规时，第三方服务商认真履职收益" +（1 − 监管检查率）×（1 − 守法守规率）×"海事管理部门不监管检查、航运企业违法违规时，第三方服务商认真履职收益"。

（50）第三方服务商对航运企业检查的比率 = INTEG（第三方服务商监管变化率，0.3）。

（51）航运企业守法守规经营的期望获益 = 监管检查率×认真履职率×"第三方服务商认真履职、海事管理部门监管检查时，航运企业守法守规经营时收益" +（1 − 监管检查率）×认真履职率×"第三方服务商认真履职、海事管理部门不监管检查时，航运企业守法守规经营时收益" +（1 − 认真履职率）×监管检查率×"第三方服务商不负责任、海事管理部门监管检查时，航运企业守法守规经营时收益" +（1 − 监管检查率）×（1 − 认真履职率）×"第三方服务商不负责任、海事管理部门不监管检查时，航运企业守法守规经营时收益"。

（52）航运企业守法守规的比率 = INTEG（守法守规法变化率，0.9）。

（53）航运企业守法守规与违法违规期望获益差 = 航运企业守法守规经营期望获益 − 航运企业违法违规经营期望获益。

（54）航运企业违法违规经营期望获益 = 监管检查率 × 认真履职率 × "第三方服务商认真履职、海事管理部门监管检查时，航运企业违法违规经营收益" +（1 − 监管检查率）× 认真履职率 × "第三方服务商认真履职、海事管理部门不监管检查时，航运企业违法违规经营收益" +（1 − 认真履职率）× 监管检查率 × "第三方服务商不负责任、海事管理部门监管检查时，航运企业违法违规时收益" +（1 − 监管检查率）×（1 − 认真履职率）× "第三方服务商不负责任、海事管理部门不监管检查时，航运企业违法违规时收益"。

（55）第三方服务商认真履职与不负责任期望获益差 = 第三方服务商认真履职期望获益 − 第三方服务商不负责任期望获益。

（56）$(1 − Rttn) \times (Bm2ty + Bty − Cty) + Rttn \times (Bty − Cty − Pm2tn)$海事管理部门监管检查、航运企业违法违规时，第三方服务商认真履职收益 =（1 − Rttn技术监管筛查失误率）×（Bm2ty海事管理部门对第三方服务商的奖励 + Bty第三方服务商的监管收益 − Cty第三方服务商的监管成本）+ Rttn技术监管筛查失误率 ×（Bty第三方服务商的监管收益 − Cty第三方服务商的监管成本 − Pm2tn海事管理部门对第三方服务商的处罚）。

4.4.2　纯策略均衡的稳定性分析

根据 4.2.3 节复制动态方程，并令其等于零可以到如下方程：

$$\begin{cases} M(X, Y, Z) = X(1 − X)(E_{mY} − E_{mN}) \\ S(X, Y, Z) = Y(1 − Y)(E_{sY} − E_{sN}) \quad = F(s) = 0 \\ T(X, Y, Z) = Z(1 − Z)(E_{tY} − E_{tN}) \end{cases} \tag{4-11}$$

解得s的纯策略均衡解 8 个，$s_1 \sim s_8$：

$$s_1 = \begin{pmatrix} 0 \\ 0 \\ 0 \end{pmatrix}, \ s_2 = \begin{pmatrix} 0 \\ 0 \\ 1 \end{pmatrix}, \ s_3 = \begin{pmatrix} 0 \\ 1 \\ 0 \end{pmatrix}, \ s_4 = \begin{pmatrix} 0 \\ 1 \\ 1 \end{pmatrix},$$

$$s_5 = \begin{pmatrix} 1 \\ 0 \\ 0 \end{pmatrix}, \ s_6 = \begin{pmatrix} 1 \\ 0 \\ 1 \end{pmatrix}, \ s_7 = \begin{pmatrix} 1 \\ 1 \\ 0 \end{pmatrix}, \ s_8 = \begin{pmatrix} 1 \\ 1 \\ 1 \end{pmatrix} \tag{4-12}$$

以s_1为例，以s_1为初始值进行"船舶排放控制系统"演化博弈 SD 模型仿真，仿真结果显示此初始值状态下系统的演化博弈过程如图 4-4 所示。

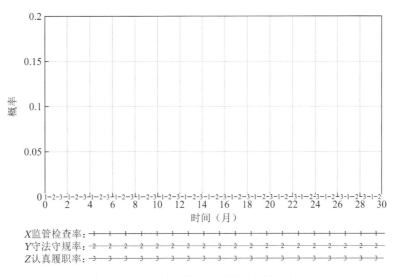

图 4-4　初始s_1的纯策略的系统博弈演化过程

图 4-4 可知, 海事管理部门、航运企业及第三方服务商选择以均衡解s_1为各自的初始纯策略时, 三方在博弈过程中都没有主动改变自身策略的行动。此时, "船舶排放控制系统" 的演化博弈处于一种均衡状态。

同理, 将其他 7 个均衡解都代入系统动力学模型, 可以得到相同结果, 即三方均没有改变自身策略。这种均衡状态必须依赖于一定的条件, 否则将不再稳定。以s_1解为例, 当国家环境督查力度加大时, 各地海事管理部门开展更的监管检查, 海事管理部门提高监管检查率, 其策略选择发生变化, 若海事管理部门的监管检查率由$X = 0$ 演化到$X = 0.1$, 其仿真结果如图 4-5 所示。

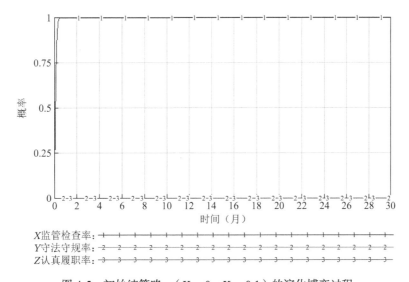

图 4-5　初始纯策略s_1（$X = 0 \rightarrow X = 0.1$）的演化博弈过程

由图 4-5 可知，纯策略均衡解 s_1 的均衡状态不稳定，这说明该策略不是演化博弈模型的稳定均衡解。同时若海事管理部门的监管检查率由 $X = 0$ 向 $X = 1$ 演化，我们可以得到该演化博弈模型的均衡状态由 s_1 向 s_5 变化。这一结果的现实解释是，当航运企业全部违法违规、第三方服务商不负责任时，海事管理部门改变原来的策略，提高了监管检查率后，惩罚收益上升，总体得到了较高的收益。由此可知，海事管理部门在这一博弈过程中，通过不断学习与复制，不断改变自身策略，逐渐由原来的 $X = 0$ 向 $X = 1$ 的状态变化，船舶排放控制监管博弈系统的演化博弈状态由 s_1 变为 s_5。

当船舶排放控制监管博弈系统博弈状态变为 s_5，假设海事管理部门更换了第三方服务商，新的服务商不再采取不负责任的策略，其选择按照海事管理部门的合同规定及相关法律法规开展监测检查工作，其认真履职率由 $Z = 0$ 演化到 $Z = 0.6$，对此进行仿真，其仿真结果如图 4-6 所示。

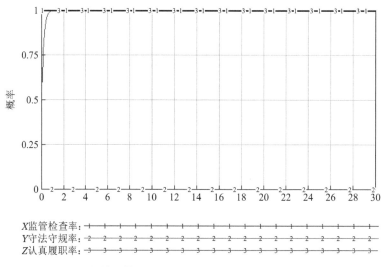

图 4-6　初始纯策略 s_5（$Z = 0 \rightarrow Z = 0.6$）的演化博弈过程

由图 4-6 可知，纯策略均衡解 s_5 的均衡状态并不稳定，这说明该策略不是演化博弈模型的稳定均衡解。即，当第三方服务商由 $Z = 0$ 向 $Z = 1$ 这一情况演化时，船舶排放控制演化博弈系统的均衡状态由 s_5 向 s_7 演化。

当船舶排放控制监管博弈系统博弈状态变为 s_7，我们假设在 s_7 这一均衡状态下，国家环保政策执行力度进一步加强，航运企业必须采取相应的环境保护升级措施，由此航运企业的守法守规率由 $Y = 0$ 演化至 $Y = 0.2$，对此进行仿真，其仿真结果如图 4-7 所示。

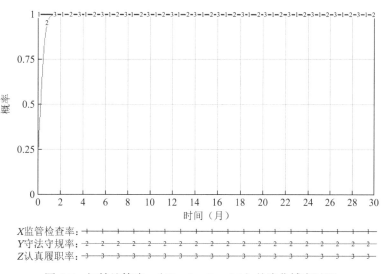

图 4-7　初始纯策略s_7（$Y = 0 \rightarrow Y = 0.2$）的演化博弈过程

由图 4-7 可知，得出演化均衡状态由$s_7 \rightarrow s_8$演化的结论，由此可表明纯策略均衡解s_7也不是该演化博弈模型的稳定均衡状态。

纯策略均衡解s_8状态下，当第三方服务商认真履职和航运企业守法守规时，海事管理部门的策略是不断降低监管检查率，即$X = 1$演化至$X = 0.9$。利用模型对此状态进行仿真，图 4-8 为仿真结果。仿真结果显示，博弈的均衡状态将由s_8演化为s_4状态，可知s_8也不是该演化博弈模型的稳定均衡策略。

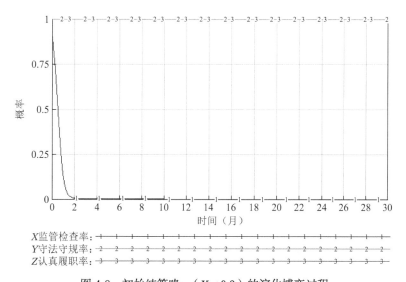

图 4-8　初始纯策略s_8（$X \rightarrow 0.9$）的演化博弈过程

将其他均衡解s_2、s_3、s_4、s_6代入船舶排放控制博弈系统动力学模型进行仿真分析，同样发现都不稳定。

由此可知，在博弈演化中，如果博弈参与方不去主动改变自己的策略，博弈将处于一种均衡状态，如果有某一方的策略发生变化，将引起系统的均衡状态向其他均衡状态演化。

4.4.3　演化博弈的一般情景分析

在实际中，博弈参与方很少会选择以均衡解策略加入博弈，即各方的初始策略不是均衡解，而是以随机策略加入到船舶排放控制系统演化博弈过程。

假设海事管理部门、航运企业、第三方服务商分别以监管检查率 $X = 0.7$、守法守规率 $Y = 0.4$、认真履职率为 $Z = 0.8$ 加入此演化博弈过程，对此进行仿真，其仿真结果如图 4-9 所示。

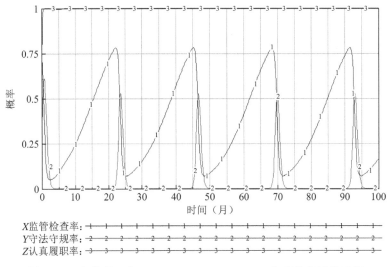

图 4-9　一般情景 1 （ $X = 0.7$，$Y = 0.4$，$Z = 0.8$ ）的演化博弈过程

图 4-9 表明，若海事管理部门采取强有力的监管检查策略时，且海事管理部门对不负责任的第三方服务商的处罚力度大于对航运企业的处罚，由于此时航运企业和第三方服务商被查处风险较大，第三方服务商向积极配合认真履职率 $Z = 1$ 的方向演化，而航运企业的策略则会随着海事管理部门监管力度的强弱变化而不断发生波动。

假设海事管理部门、航运企业、第三方服务商分别以监管检查率 $X = 0.3$、守法守规率 $Y = 0.4$、认真履职率 $Z = 0.1$ 加入演化博弈过程，对此进行仿真，其仿真结果如图 4-10 所示。在博弈过程初期，海事管理部门和第三方服务商的策略选择趋近，这是由于第三方服务商较少，海事管理部门对第三方服务商的监管较为便利。但当海事管理部门收到另外博弈两方的选择合作策略，即航运企业违法违规率降低和第三方服务商认真履职率升高时，海事管理部门选择降低监管力度，随之第三方服务商也会降低认真履职程度，但随着海事管理部门监管力度逐渐增加，第三方服务商的策略将往认真履职 $Z = 1$ 的方向演化。而航运企业违法违规率随着海事管理部门监管力度的强弱变化不断波动。

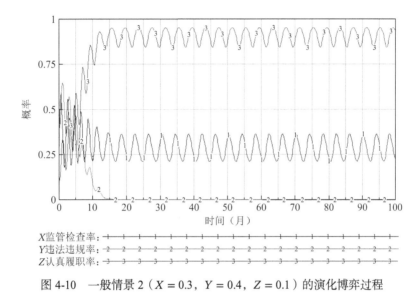

图 4-10　一般情景 2（$X = 0.3$，$Y = 0.4$，$Z = 0.1$）的演化博弈过程

图 4-10 表明，当海事管理部门和第三方服务商采取相对薄弱的监管检查策略时，航运企业的违法违规率将迅速上升，建议海事管理部门应在方案实施初期加强监督，以确保海事管理部门的权威和信誉，并确保船舶排放控制政策的执行。

4.4.4　演化博弈一般情景外部变量对模型的影响分析

1）第三方服务商技术水平对模型的影响

第三方服务商的技术水平是有效执法的重要保障，因此，有必要研究技术水平对博弈行为的影响。本文以技术监管筛查失误率来表征第三方服务商的技术水平。假设博弈三方以初始策略（$X = 0.7$、$Y = 0.4$、$Z = 0.8$）开始博弈，通过改变技术监管筛查失误率这一参数设置，考察其对系统的影响。不同技术监管筛查失误率情况下，各策略变化的仿真模拟结果如图 4-11 所示。不同技术水平下海事管理部门与航运企业决策仿真结果如图 4-12 所示。

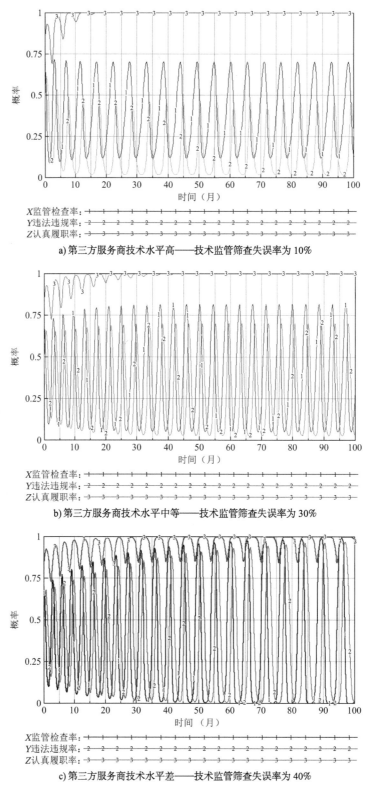

X监管检查率: —+—+—+—+—+—+—+—+—+—+—+—+—+—+—+—+—+—+
Y违法违规率: —2—2—2—2—2—2—2—2—2—2—2—2—2—2—2—2—2—2—
Z认真履职率: —3—3—3—3—3—3—3—3—3—3—3—3—3—3—3—3—3—3—

a) 第三方服务商技术水平高——技术监管筛查失误率为10%

X监管检查率: —+—+—+—+—+—+—+—+—+—+—+—+—+—+—+—+—+—+
Y违法违规率: —2—2—2—2—2—2—2—2—2—2—2—2—2—2—2—2—2—2—
Z认真履职率: —3—3—3—3—3—3—3—3—3—3—3—3—3—3—3—3—3—3—

b) 第三方服务商技术水平中等——技术监管筛查失误率为30%

X监管检查率: —+—+—+—+—+—+—+—+—+—+—+—+—+—+—+—+—+—+
Y违法违规率: —2—2—2—2—2—2—2—2—2—2—2—2—2—2—2—2—2—2—
Z认真履职率: —3—3—3—3—3—3—3—3—3—3—3—3—3—3—3—3—3—3—

c) 第三方服务商技术水平差——技术监管筛查失误率为40%

图 4-11

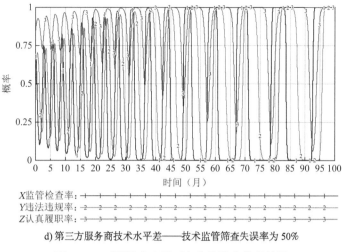

d) 第三方服务商技术水平差——技术监管筛查失误率为 50%

图 4-11　不同技术水平下各方的演化仿真结果

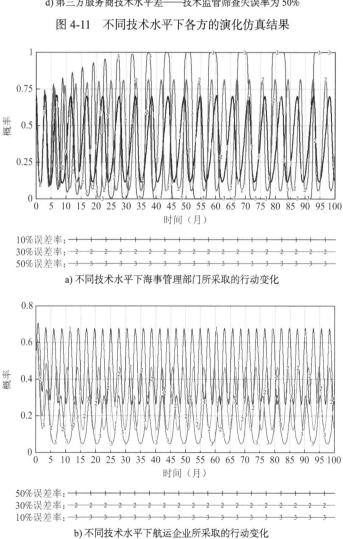

a) 不同技术水平下海事管理部门所采取的行动变化

b) 不同技术水平下航运企业所采取的行动变化

图 4-12　不同技术水平下海事管理部门与航运企业的决策仿真结果

由图 4-11、图 4-12 可知：①随着技术监管筛查失误率的提高，各方博弈周期增加；②低技术监管筛查失误率、高水平的第三方服务商受到的波动小，并逐渐趋于稳定状态（$Z = 1$）；③技术水平的提高有助于降低海事管理部门的监管检查率；④海事管理部门选择第三方服务商时，要选择技术监管筛查失误率在 30% 以内的服务商。

综上，海事管理部门在选择第三方服务商时，一定要做好技术筛选，选择服务好、技术水平高、监测失误率、覆盖范围广的第三方服务商。

2）海事管理部门监管检查成本对模型的影响

在三方博弈中，海事管理部门的监管检查成本仍旧是其开展工作的基础。假设博弈三方以初始策略（$X = 0.5$，$Y = 0.5$，$Z = 0.5$）开始博弈，即海事管理部门、航运企业、第三方服务商均以 50% 概率采取对抗策略时,改变海事管理部门监管检查成本这一参数，考察其对系统的影响。不同成本情况下，三方决策仿真结果如图 4-13、图 4-14 所示。

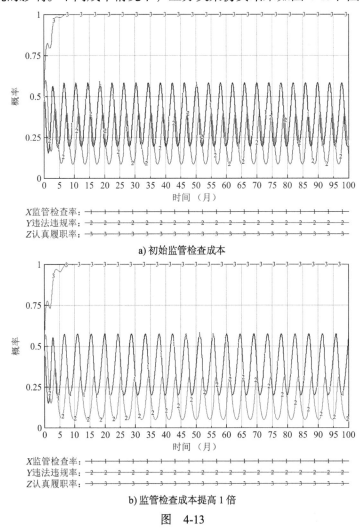

a) 初始监管检查成本

b) 监管检查成本提高 1 倍

图 4-13

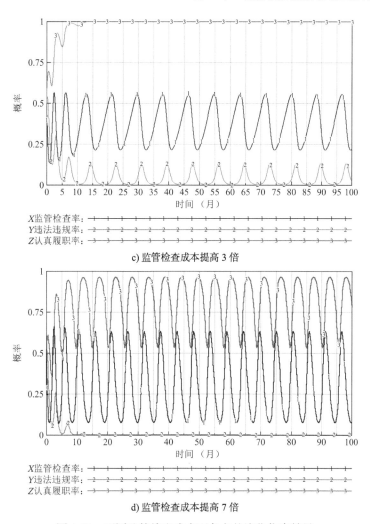

c) 监管检查成本提高 3 倍

d) 监管检查成本提高 7 倍

图 4-13　不同监管检查成本下各方的演化仿真结果

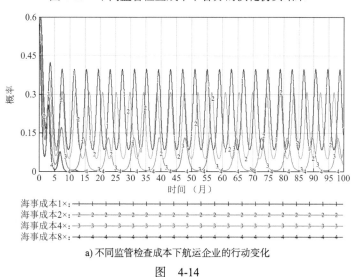

a) 不同监管检查成本下航运企业的行动变化

图　4-14

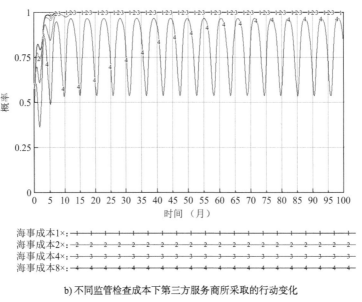

海事成本1×：
海事成本2×：
海事成本4×：
海事成本8×：

b) 不同监管检查成本下第三方服务商所采取的行动变化

图 4-14　不同海事监管成本下航运企业和第三方服务商的决策仿真结果

由图 4-13、图 4-14 可知：①随着海事管理部门监管检查成本的提高，各方博弈周期增加，航运企业违法违规率不断降低，当监管成本增长 2 倍时，航运企业违法违规率降至 0；②当监管检查成本增幅很大时（大于 2 倍），海事管理部门的过度管理导致第三方服务商开始采取消极服务，第三方服务商随海事管理部门对其的监管检查采取行动。由此可知，监管检查成本是船舶排放管理的基础，一定程度的资金保障才能确保政策实施，但应预防过高的人力或检查费用带来的监管资源浪费。

3）航运企业环保投入对模型的影响

现阶段，船舶以换用低硫燃油来降低船舶硫氧化物排放为主要措施，其主要环保投入增加来自低硫燃油与高硫燃油的价格差，航运企业的环保投入与其在博弈中收益情况密切相关。假设博弈三方以初始策略（$X = 0.5$，$Y = 0.5$，$Z = 0.5$）开始博弈，即海事管理部门、航运企业、第三方服务商均以 50% 概率采取对抗策略时，改变航运企业违法违规所节约的环保成本参数，考察初始值、50% 初始值、80% 初始值、150% 初始值的环保投入对系统的影响。不同环保投入下，各方决策仿真结果如图 4-15、图 4-16 所示。

由图 4-15、图 4-16 可知：①随着航运企业环保投入的增加，航运企业更趋向选择配合政策法规，采取遵纪守法的行动；②航运企业环保投入低时，反而更倾向于采取违法违规的行为。

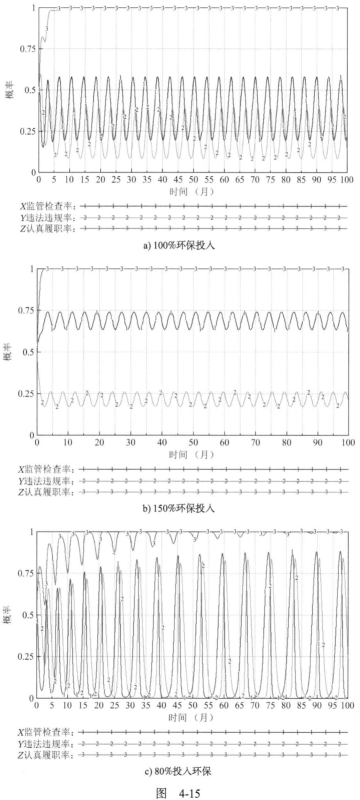

a) 100%环保投入

b) 150%环保投入

c) 80%投入环保

图　4-15

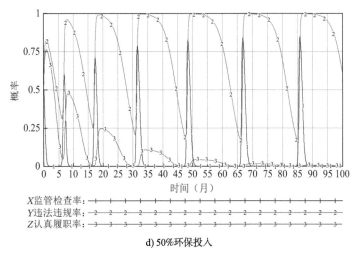

d) 50%环保投入

图 4-15 不同环保投入下各方的演化仿真结果

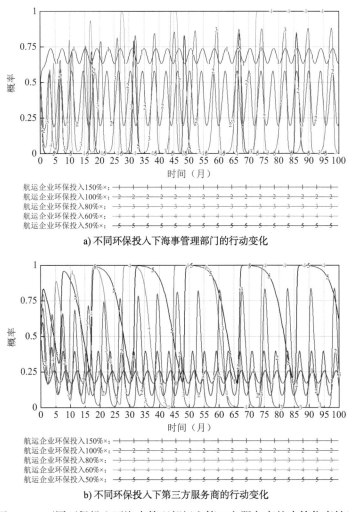

a) 不同环保投入下海事管理部门的行动变化

b) 不同环保投入下第三方服务商的行动变化

图 4-16 不同环保投入下海事管理部门和第三方服务商的决策仿真结果

4）演化博弈模拟结论

（1）基于演化博弈理论与系统动力学相结合的方法可以对船舶大气污染物排放控制区政策实施发展进行有效模拟，既可以分析政策的外界动力因素，又可以获得政策实施后各方的策略行为，为研究船舶排放控制区政策提供了新的研究思路。

（2）在演化博弈中，海事管理部门监管检查成本和第三方服务商技术水平对海事管理部门的决策有明显的影响；航运企业的环保投入在一定程度上反映了航运企业的可能对策行为，技术水平和监管检查成本情况对航运企业决策有明显影响。

（3）研究结果表明，当外部变量调整至一定范围内，可以实现政府适度监管，充分发挥第三方服务商的优势作用，并使船舶企业守法守规率维持较高水平的较优状态。

— **本 章 小 结** —

本章主要研究了船舶大气污染与温室气体排放控制政策监管系统不同情况下的纯策略与演化博弈分析。首先开展了船舶排放监管系统静态纯策略分析，构建了相关模型，并分析了博弈三方的静态策略。其次，本章建立了排放控制政策监管系统的演化博弈模型，在此基础上建立了"船舶排放控制系统"演化博弈的系统动力学模型，而后利用所建立的系统动力学模型分别对演化博弈模型的纯策略解稳定性和一般策略的演化情况进行了仿真分析。研究发现，排放控制政策监管系统的演化博弈过程没有稳定演化均衡解，博弈三方的策略会出现反复波动、振荡发展的趋势。

（1）当海事管理部门、航运企业、第三方服务商，当博弈三方都以纯策略均衡解为策略开始博弈过程时，该系统演化博弈表现出一种均衡的状态。如果博弈三方不主动改变自己的策略，博弈将处于一种均衡状态，如果有某一方的策略发生变化，将引起系统的均衡状态，并向其他均衡状态演化。

（2）当海事管理部门、航运企业、第三方服务商以随机策略加入博弈时，航运企业总是随海事管理部门的监管强度而波动变化，第三方服务商总体往认真履职方向发展。

第 5 章

船舶大气污染物与二氧化碳排放 SD 模型

全球物流链的能源需求主要依赖于化石燃料。化石燃料燃烧造成了大量的大气污染物与二氧化碳排放。随着国际贸易的增长，与船舶有关的运输活动也在急剧增加，越来越多的航运企业开始探索新途径与新方法提高管理效力、减少对环境的污染，同时力争实现绿色发展。摸清排放底数是开展船舶排放监管政策研究的基础。本章从船舶大气污染物与二氧化碳排放测算的角度进行思考和分析。

5.1 船舶大气污染物与二氧化碳排放测算意义与方法

5.1.1 船舶减排新形势

我国先后出台了控制船舶大气污染排放措施的相关政策文件（详见 1.3 节），坚持以人民幸福生活为宗旨，由注重提高供给能力向注重提升供给质量效率转变，着力打造绿色交通体系，促进绿色出行、绿色物流发展，走绿色生态科技含量高、经济效益好、资源消耗低、环境污染少的发展道路，建设更安全、更普惠、更可持续、更具竞争力的现代综合交通运输体系，是建设交通强国、化解当前矛盾的重要基础，交通强国建设将为绿色交通发展提供新的历史机遇。

国际层面，《巴黎协定》明确呼吁全球社会大幅减少人为温室气体排放。2018 年，国际海事组织通过了控制国际航运温室气体排放的初步战略，强调国际航运温室气体排放尽快达到峰值并下降，到 2050 年，温室气体年度总排放量与 2008 年相比至少减少 50%，并努力通过愿景中提出的与《巴黎协定》温控目标一致的减排路径，逐步减少国际航运温室气体排放。国际社会的减排战略给水路运输行业带来了新的减排压力。

5.1.2　国际经验

从减污降碳的技术角度来看，欧美发达国家在控制港口密集区域大气污染和二氧化碳排放的问题上遇到过类似的瓶颈，并已取得相关成功解决问题的经验，实现了环境空气质量的改善。洛杉矶港自 2005 年起持续编制年度船舶排放水平清单，并对统计数据进行跟踪比对，所形成的港口排放数据库及对比分析，支撑了洛杉矶港港口空气质量控制行动方案的出台和持续改进，洛杉矶港还将其打包进行整体推进以协调各单项行动的排放控制效果。

船舶大气污染物和二氧化碳排放水平清单（以下简称"船舶排放清单"）是船舶在一定时间和空间范围内对于排入大气中的大气污染物和二氧化碳排放量统计的结果。编制船舶排放清单可为船舶大气污染情况、二氧化碳排放基准调查和相关研究提供量化指标和分析结果，为船舶排放控制的相关政策研究与出台提供数据支撑和精细化的包括前期研究、中期评审、后期跟踪评估在内的全周期技术支持。

由此可见，建立船舶大气污染物和二氧化碳排放水平清单可以实现船舶源大气污染物与二氧化碳排放的有效监管。

5.1.3　船舶大气污染物与二氧化碳排放测算方法

船舶排放清单是贯彻执行《大气污染防治法》、科学制定船舶大气污染防治政策、准确评估船舶排放控制效果和有效指导大气污染排放监管的基础和依据。船舶排放清单指船舶排放源在一定的时间间隔和空间范围内向大气中排放的污染物量的集合，是船舶排放特征的主要表现形式。

目前，船舶排放清单编制方法可分为自上而下（Top-down）的燃料法和自下而上（Bottom-up）的动力法两类。燃料法是利用船舶燃料的使用量，计算出各种尾气成分排放量的数值，燃料法编制船舶排放清单的核心是确定燃料使用量和选择合适的大气污染物排放系数，即大气污染物排放量等于燃料使用量与大气污染物排放系数的乘积。燃料法分为基于单船能耗的燃料法、基于区域能耗的燃料法、基于客货周转量的燃料法，这3 种方法在活动水平需求、时空分辨率和准确度等方面有所不同。基于单船能耗的燃料法的活动水平需求为单船能耗，时空分辨率低，准确度最高；基于区域能耗的燃料法的活动水平需求为区域能耗，不具备时空分布，准确度较低；基于客货周转量的燃料法的活动水平需求为客货周转量，不具备时空分布，准确度最低。

5.2　船舶排放计算模型

5.2.1　计算模型

船舶大气污染物来源于主机、辅机和锅炉，基于 AIS（船舶自动识别系统）数据的动力法以主机、辅机和锅炉输出能量与各种船舶大气污染物排放系数相乘这一函数关系式为基础。主机大气污染物排放量、辅机大气污染物排放量和锅炉大气污染物排放量组成了船舶大气污染物排放量。

船舶大气污染物排放量计算公式为：

$$E = E_{(k)} + E_{(blr)} \tag{5-1}$$

式中：E——大气污染物排放量（t）；

$\quad E_{(k)}$——主机、辅机大气污染物排放量（t）；

$E_{(blr)}$——锅炉大气污染物排放量（t）。

主机、辅机大气污染物排放量计算公式为：

$$E_{j(k)} = \sum_{i=1}^{5} \left(MCR_{(k)} \times LF_{i(k)} \times Act_i \times EF_{ij(k)} \times FCF \times CF \times 10^{-6} \right) \tag{5-2}$$

式中：i——各工况条件，包括靠港、锚泊、港区机动、低速航行、巡航；

$\quad j$——各大气污染物种类，包括 SO_x、NO_x、PM_{10}、HC、CO；

$MCR_{(k)}$——发动机额定功率（kW）；

$\quad LF_{i(k)}$——工况 i 下的负荷系数；

$\quad Act_i$——工况 i 运行时间（h）；

$\quad EF_{ij(k)}$——工况 i 下，大气污染物 j 的排放系数 $[g/(kW \cdot h)]$；

$\quad FCF$——燃油修正系数；

$\quad CF$——减排技术修正系数。

锅炉大气污染物排放量计算公式为：

$$E_{j(blr)} = \sum_{i=1}^{5} \left(G_{(blr)} \times Act_i \times EF_{ij(blr)} \times 10^{-6} \right) \tag{5-3}$$

式中：$G_{(blr)}$——锅炉负荷功率（kW）；

$\quad EF_{ij(blr)}$——工况 i 下，锅炉大气污染物 j 的排放系数 $[g/(kW \cdot h)]$；

5.2.2　模型主要系数

1）排放系数

排放系数是编制船舶排放清单的关键参数，直接决定核算结果的可信度。目前，全球范围内尚无统一的排放系数。Entec UK Limited（简称"Entec 公司"）[77-78]发布的船舶发动机排放测试数据得到了学者的普遍认同，经常被应用在船舶排放清单的研究中，其测试的发动机包括柴油机（低速柴油机、中速柴油机、高速柴油机）、蒸汽轮机和燃气轮机，燃油分为残渣油（Residual Oil，RO）、船用柴油（Marine Diesel Oil，MDO）、船用轻柴油（Marine Gas Oil，MGO）。在本文中，船舶主机 SO_x、NO_x、HC 排放系数选用 Entec 公司推荐的主机 SO_x、NO_x、HC 排放系数，主机 PM_{10} 排放系数选用文献[79]中的主机 PM_{10} 排放系数，主机 CO 排放系数选用文献[80]中的主机 CO 排放系数。主机排放系数见表 5-1。

主机排放系数　　　　　　　　　　　　　　　　表 5-1

发动机类型	燃油类型	硫含量（m/m）	油耗[g/(kW·h)]	排放系数[g/(kW·h)]						
				SO_x	$NO_{x(Tier0)}$	$NO_{x(TierI)}$	$NO_{x(TierII)}$	PM_{10}	CO	HC
低速柴油机	重质燃料油	2.7%	195	10.29	18.1	17	15.3	1.42	1.4	0.6
	船用柴油	0.5%	185	1.81	17	16	14.4	0.35	1.4	0.6
中速柴油机	重质燃料油	2.7%	213	11.24	14	13	11.2	1.43	1.1	0.5
	船用柴油	0.5%	203	1.98	13.2	12.2	10.5	0.38	1.1	0.5

注：1. 额定转速 $n \leqslant 300\text{r/min}$ 的柴油机为低速柴油机；$300 < n \leqslant 1000\text{r/min}$ 的柴油机为中速柴油机。

2. Tier0 阶段为 2000 年前；TierI阶段为 2000—2010 年；TierII阶段为 2011—2015 年。

船舶辅机 SO_x、NO_x、HC 排放系数参照 Entec 公司推荐的辅机 SO_x、NO_x、HC 排放系数[78]。ICF International（简称"ICF 公司"）在探究燃油硫含量、燃油消耗率对气溶胶特性的影响时，提出了 PM_{10} 与燃油硫含量、燃油消耗率之间的函数关系，辅机 PM_{10} 排放系数来自 ICF 公司的研究成果[79]。辅机 CO 排放系数选用 Starcrest Consulting Group（以下简称"Starcrest 公司"）的洛杉矶排放清单报告参数[80]。辅机排放系数见表 5-2。由于 2.7%m/m 和 0.5%m/m 硫含量的主辅机排放系数齐全，燃油修正系数取 1。

辅机排放系数　　　　　　　　　　　　　　　　表 5-2

燃油类型	硫含量（m/m）	油耗[g/(kW·h)]	排放系数/[g/(kW·h)]						
			SO_x	$NO_{x(Tier0)}$	$NO_{x(TierI)}$	$NO_{x(TierII)}$	PM_{10}	CO	HC
重质燃料油	2.7%	227	12.3	14.7	13	11.2	1.44	1.1	0.4
船用柴油	0.5%	217	0.9	13.8	12.2	10.5	0.32	1.1	0.4

注：Tier0 阶段为 2000 年前；TierI阶段为 2000—2010 年；TierII阶段为 2011—2015 年。

锅炉 SO_x、NO_x、HC 排放系数取自 Entec 研究成果[77]，锅炉 PM_{10} 排放系数参照文献[80]，锅炉 CO 排放系数参考 IVL 瑞典环境科学研究院有限公司（简称"IVL 公司"）的研究成果[81]，锅炉排放系数见表 5-3。国际海事组织关于船舶氮氧化物排放标准主要针对船舶主机和辅机的改造、安装，对于锅炉没有提出要求。当船舶航速降低、主机负荷系数减小、主机负荷功率降低、主机排气中热量减小、废气余热不能达到船舶对热能的基本要求时，锅炉需要开启。当主机负荷系数低于 20%时，船舶一般处在锚泊、靠港、港区机动工况开启锅炉[79]。

锅炉排放系数　　　　　　　　　　　　　　　　　　　　　　　　　　表 5-3

燃油类型	硫含量（m/m）	油耗［g/(kW·h)］	排放系数［g/(kW·h)］				
			SO_x	NO_x	PM_{10}	CO	HC
重质燃料油	2.7%	227	16.5	2.1	0.8	0.2	0.1
船用柴油	0.5%	217	3.1	2	0.2	0.2	0.1

2）负荷系数

主机负荷功率等于主机额定功率与主机负荷系数的乘积，主机额定功率为主机在额定转速下连续运转的最大功率。

基于螺旋桨推进特性，ICF 公司提出主机负荷系数由船舶航行实际速度与最大设计速度比值的三次方决定[79]。主机作为船舶的动力来源，主机的能量输出直接传递给螺旋桨，为了达到船舶既定速度，螺旋桨会根据能量的持续输入而逐渐提高转速。

主机负荷系数经典计算公式为：

$$\mathrm{LF} = (S_a/S_m)^3 \tag{5-4}$$

式中：LF——主机负荷系数；

$\quad$ S_a——实际航行速度（kn，1kn=1.852km/h）；

$\quad$ S_m——最大设计速度（kn）。

船舶在加速、逆风（浪）、浅水航行时，船体受到阻力会增加，为了维持所需船速，螺旋桨转速会增加，螺旋桨转速与船速不相符，主机负荷系数发生变化[81]。计算污染物排放量时需要修正主机负荷系数，主机负荷系数修正公式为：

$$\mathrm{LF} = \delta \times (S_a/S_m)^3 \tag{5-5}$$

式中：δ——主机负荷系数修正因子，参照文献[82]，本书取 0.9。

将 $\delta = 0.9$ 代入式(5-5)，则主机负荷系数修正计算公式为：

$$\mathrm{LF} = 0.9 \times (S_a/S_m)^3 \tag{5-6}$$

船舶在正常行进时，实际航行速度不应大于最大设计速度，主机负荷系数通常不超过 1。对于实际航行速度大于最大设计速度的特殊情况，默认主机负荷系数为 1。

辅机负荷功率等于辅机额定功率与辅机负荷系数的乘积，辅机额定功率为辅机在额定转速下连续运转的最大功率。辅机负荷系数取决于船舶类型和工况条件。

本文采用国际海事组织关于第三次温室气体研究报告推荐的速度和主机负荷系数相结合的方法对船舶工况进行判断，将工况条件分为靠港、锚泊、港区机动、低速航行、巡航 5 种，工况判定依据见表 5-4。

工况判定依据   表 5-4

航行状态	判定条件
靠港	速度 < 1kn
锚泊	1kn ≤ 速度 < 3kn
港区机动	速度 ≥ 3kn 且主机负荷 < 20%
低速航行	速度 ≥ 3kn，且 20% ≤ 主机负荷 < 65%
巡航	主机负荷 ≥ 65%

船舶靠港停泊期间使用岸电，如果岸电提供的能源可以满足船舶及工作人员的需求，船舶辅机将会关闭。除此情况外，辅机一直处于开启状态。辅机负荷系数由船舶类型、工况条件共同决定，辅机负荷系数见表 5-5。

辅机负荷系数   表 5-5

船舶类型	巡航	低速航行	港区机动	锚泊	靠港
客船	0.80	0.80	0.80	0.64	0.64
油船	0.24	0.28	0.33	0.26	0.26
杂货船	0.17	0.27	0.45	0.22	0.22
散货船	0.17	0.27	0.45	0.22	0.10
集装箱船	0.13	0.25	0.48	0.19	0.19
滚装船	0.15	0.30	0.45	0.26	0.26
其他船舶	0.17	0.27	0.45	0.10	0.10
顶推船拖轮	0.17	0.27	0.45	0.22	0.22

当不能准确获取船舶辅机额定功率时，采用比值法来估算辅机额定功率，即利用主机额定功率乘以辅机额定功率与主机额定功率的比值获取辅机额定功率。筛选同时具有主机额定功率和辅机额定功率的船舶，对于每一艘船舶，辅机额定功率与主机额定功率作商，得出每一艘船舶的辅机额定功率与主机额定功率的比值。按船舶类型对比值进行

归类，得出每种船型的比值均值，参考文献[83]和文献[84]，可得辅机额定功率与主机额定功率的比值表，比值见表 5-6。

辅机额定功率与主机额定功率比值　　　　　　表 5-6

船舶类型	辅机额定功率/主机额定功率	船舶类型	辅机额定功率/主机额定功率
客船	0.278	集装箱船	0.186
油船	0.211	滚装船	0.202
杂货船	0.190	其他船舶	0.269
散货船	0.147	顶推船拖轮	0.269

远洋船舶、沿海船舶基本配有锅炉，为船舶提供热能。在巡航、低速航行工况下，锅炉通常是关闭的，当主辅机排放的气体量过少或者排放气体温度过低时，此时需要打开锅炉，满足船舶对热能的需求[85]。可获得船舶锅炉负荷功率的实时使用数据，若锅炉数据缺失，可参考 ICF 公司研究提供的锅炉负荷功率数据[86]。锅炉负荷功率见表 5-7。

锅炉负荷功率（单位：kW）　　　　　　表 5-7

船舶类型	巡航	低速航行	港区机动	锚泊	靠港
客船	—	—	1000	1000	1000
油船	—	—	371	3000	3000
杂货船	—	—	371	371	371
散货船	—	—	109	109	109
集装箱船	—	—	506	506	506
滚装船	—	—	109	109	109
其他船舶	—	—	137	137	137
顶推船拖轮	—	—	0	0	0

3）主机低负荷调整系数

主机排放系数不是固定不变的，当主机负荷系数低于 20%时，主机排放系数往往会随着主机负荷系数的降低而增加，主机负荷系数越低，主机排放系数变化越大。主机在低负荷条件下工作时，燃烧效率低下，但燃油消耗率趋于增加，主机负荷功率降低的速度远远大于污染物排放量降低的速度，随着主机负荷系数的持续减小，主机排放系数的变化越来越明显。通过分析低负荷条件下主机排放系数的变化特征，参照主机负荷系数为 20%的排放系数，实现低负荷条件下主机排放系数的标准化，推导出主机低负荷调整系数[84]，主机低负荷调整系数见表 5-8。

主机低负荷调整系数 表 5-8

主机负荷系数	SO_x	NO_x	PM_{10}	HC	CO
1%	5.99	11.47	19.17	59.28	19.32
2%	3.36	4.63	7.29	21.18	9.68
3%	2.49	2.92	4.33	11.68	6.46
4%	2.05	2.21	3.09	7.71	4.86
5%	1.79	1.83	2.44	5.61	3.89
6%	1.61	1.60	2.04	4.35	3.25
7%	1.49	1.45	1.79	3.52	2.79
8%	1.39	1.35	1.61	2.95	2.45
9%	1.32	1.27	1.48	2.52	2.18
10%	1.26	1.22	1.38	2.18	1.96
11%	1.21	1.17	1.30	1.96	1.79
12%	1.18	1.14	1.24	1.76	1.64
13%	1.14	1.11	1.19	1.60	1.52
14%	1.11	1.08	1.15	1.47	1.41
15%	1.09	1.06	1.11	1.36	1.32
16%	1.07	1.05	1.08	1.26	1.24
17%	1.05	1.03	1.06	1.18	1.17
18%	1.03	1.02	1.04	1.11	1.11
19%	1.01	1.01	1.02	1.05	1.05
20%	1	1	1	1	1

当主机负荷系数低于 20% 时，需要引进低负荷调整系数，对主机排放系数进行修正。低负荷条件下主机排放系数等于基础排放系数乘以对应的低负荷调整系数。低负荷条件下主机排放系数修正公式如下：

$$EF = EF_0 \times LLA \tag{5-7}$$

式中：EF——排放系数 $[g/(kW \cdot h)]$；

EF$_0$——基础排放系数 $[g/(kW \cdot h)]$；

LLA——低负载调整系数。

主机排放系数需要低负载调整系数修正，但是辅机排放系数无需低负荷调整系数修正。这是因为一艘船舶一般配备三台辅机，当船舶有用电需求时，可以多台辅机同时工作并电使用。如果用电需求低，当一台辅机工作时，其他辅机会关闭，保证此辅机处在正常工作状态。

4）其他减排技术修正系数

船舶排放控制技术在船舶上得到大力推广和广泛应用是大势所趋，而且已经在稳步向前有序推进，船舶排放清单的研究应该引入减排技术修正系数。但是，关于船舶减排技术修正系数的测试数据鲜有报道，而且无法从船舶静态数据库（克拉克森数据库和劳氏数据库）获取排放控制技术在船舶上的应用情况，因此，减排技术修正系数未被纳入计算。

5.3　船舶排放系统动力学模型及案例

5.3.1　案例船舶介绍与计算方法

1）船舶情况介绍

本节选用南北航线散货船作为目标船舶，研究其在单次航程的船舶排放不确定性。船舶的静态信息见表 5-9。

研究所选船舶参数　　　　　　　　　　　　　表 5-9

船舶类型	建造时间	主发动机类型	主机功率（kW）	辅机功率（kW）	最大设计船速（kn）	航行时间（d）	燃油类型
散货船	2003 年	低速柴油机	9929	2200kW	14	17	低硫燃油

2）船舶 NO_x 和 CO_2 排放量计算方法

本次不确定分析研究假设船舶废气排放只来自于船舶的主机和辅机。主机和辅机排放是以船舶主机、船舶辅机输出的能量与各种排放物相对应的排放因子相乘这一函数关系式为基础，计算中所采用的排放因子以功率排放因子"g/(kW·h)"为计量单位。计算模型与 5.2.1 节一致。

本案例研究计算船舶 NO_x 和 CO_2 排放时，排放源只考虑主机和辅机，并在计算过程中将船舶运行工况分为巡航、低速巡航、港内机动、靠港和锚泊 5 种。

5.3.2　船舶废气排放系统动力学模型构建与仿真

1）船舶废气排放系统动力学模型

根据 5.2.1 节函数关系，项目建立了船舶废气排放不确定性模型，模型流图如图 5-1 所示。

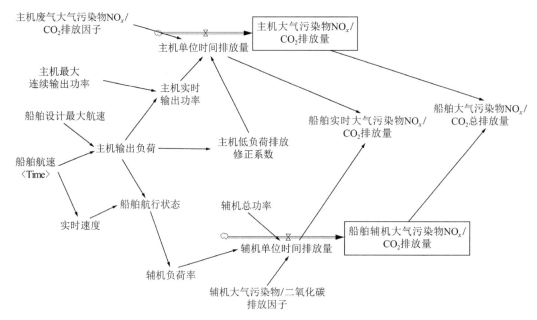

图 5-1 船舶大气污染物和 CO_2 排放系统模型逻辑流图

该模型逻辑结构由 2 个存量、2 个流率变量、6 个辅助变量和 5 个中间变量构成。2 个存量分别表示船舶主机大气污染物 NO_x 和 CO_2 排放量，船舶辅机大气污染物 NO_x 和 CO_2 排放量；2 个流率变量分别表示船舶主机大气污染物 NO_x 和 CO_2 单位时间实时排放量，船舶辅机大气污染物 NO_x 和 CO_2 单位时间实时排放量。

仿真模拟初始条件设置如下：仿真起始时间 INITIAL TIME = 0，仿真结束时间 FINAL TIME = 25000，仿真步长 TIME STEP = 1min。模型辅助变量初始值见表 5-10。

模型变量及初始取值　　　　　　　　　　　　　　　表 5-10

参数名称	初始量	单位	不确定性取值分布
船舶主机 CO_2 排放因子	620.62	g/(kW·h)	正态分布
船舶辅机 CO_2 排放因子	772.54	g/(kW·h)	正态分布
船舶主机 NO_x 排放因子	16	g/(kW·h)	正态分布
船舶辅机 NO_x 排放因子	12.2	g/(kW·h)	正态分布
船舶主机最大连续功率	9929	kW	——
船舶辅机总功率	2200	kW	——
船舶设计最大航速	14	kn	——
船舶实时速度	实时数据	kn	链接外部数据表

2）模型仿真与结果

利用所建立的船舶 NO_x 和 CO_2 排放系统动力学模型，首先对船舶航速、航行状态、

船舶 NO_x 和 CO_2 实时排放进行仿真，并给出排放结果不确定性。船舶实时航速仿真结果如图 5-2 所示。

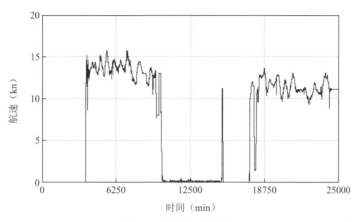

图 5-2　船舶实时航速

船舶主机和辅机累积 CO_2 排放情况如图 5-3 所示。

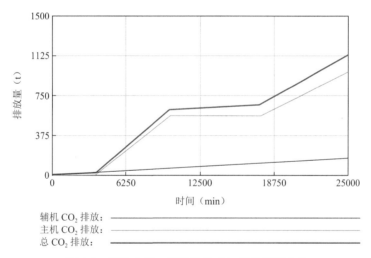

辅机 CO_2 排放：————————————

主机 CO_2 排放：————————————

总 CO_2 排放：————————————

图 5-3　船舶主机、辅机和总 CO_2 排放累积曲线

由仿真结果可知，该航次船舶的 CO_2 的总排放量为 1126t，其中主机 CO_2 排放量为 969.49t，占总排放量的 86.1%；辅机 CO_2 排放量为 156.51t，占总排放量的 13.9%。

由图 5-3 可知，船舶主机排放主要发生在船舶动态航行期间，船舶靠港期间主机关闭，在图 5-3 中反映为该阶段主机排放增量为 0。船舶辅机一直处于开启状态，辅机排放累积曲线一直处于上升态。船舶总排放累积曲线为主机和辅机排放的加和，其特征与主机累积曲线相似，但增长率略大于主机增长率。

船舶主机、辅机的实时排放情况如图 5-4 所示。由图 5-4 可知，船舶主机排放随船舶航行状态变化明显，其变化趋势与船舶航速态势一致，这是由于船舶航速是船舶实时动力输出的外在表现，船舶 CO_2 排放是船舶能源消耗的实时表现，这两者是一致的。

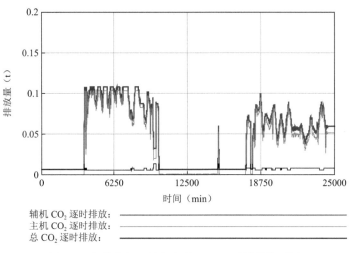

图 5-4　船舶主机、辅机和总 CO_2 逐时排放情况图

采用蒙特卡洛分析理论和仿真模拟相结合的方法对仿真结果进行不确定定量分析，即利用排放模型模拟仿真计算每个参变量组下的数据结果，借助蒙特卡洛分析理论，在 10000 次仿真的结果基础上进行统计分析。

本文利用所建立的船舶废气排放不确定性定量分析模型，对船舶实时航速、主辅机实时排放和累积排放进行了仿真模拟。在参数不确定度方面，选取主机 NO_x 排放系数、辅机 NO_x 排放系数、主机 CO_2 排放系数、辅机 CO_2 排放系数四个参数，研究参数在正态分布下的不确定度。完整航程的 NO_x 累积排放不确定性分布如图 5-5 所示。

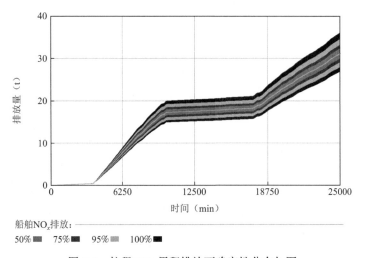

图 5-5　航程 NO_x 累积排放不确定性分布如图

本次航程船舶 NO_x 总排放不确定度的分布模拟结果如图 5-6 所示。不确定性定量模拟结果表明，船舶 NO_x 排放的期望值为 31t，最小值为 26.4～26.6t，最大值为 35.8～36t。总不确定性在 85%～116% 之间。

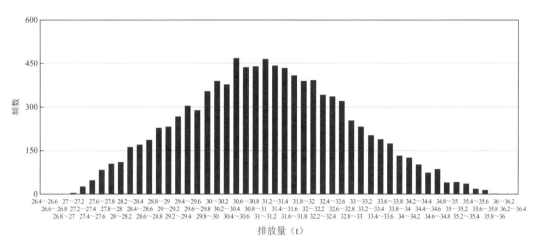

图 5-6　航程 NO_x 总排放不确定度的分布模拟结果图

完整航程的 CO_2 累积排放不确定性分布如图 5-7 所示。

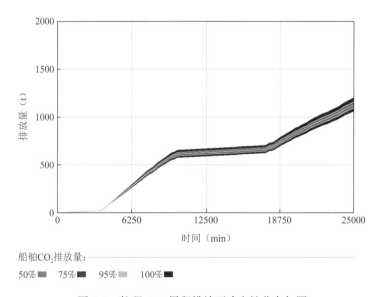

图 5-7　航程 CO_2 累积排放不确定性分布如图

本次航程船舶 CO_2 总排放不确定度的分布模拟结果如图 5-8 所示。不确定性定量模拟结果表明，船舶 NO_x 排放的期望值为 1126t，最小值 1057t，最大值 1206t。总不确定性在 93.9%～107.1% 之间。

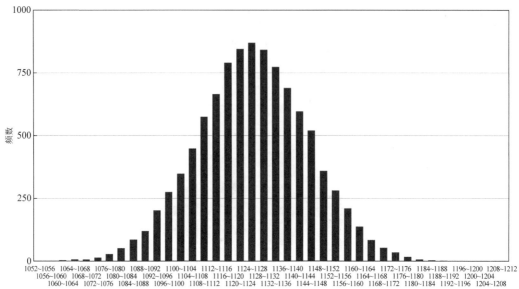

图 5-8 航程 CO_2 总排放不确定度的分布模拟结果图

综上所述，对于沿海南北航线典型散货船舶，在一个航程中，NO_x 总排放不确定性在 85%～116%之间。CO_2 总排放不确定性在 93.9%～107.1%之间。

本 章 小 结

本章主要研究了系统动力学模型在船舶大气污染物与二氧化碳排放计算中的应用。首先对船舶大气污染物和二氧化碳减排的新形势进行了梳理，总结了国际经验和计算方法。其次，建立了船舶大气污染物 NO_x 和 CO_2 计算模型，明确了关键系数。在此基础上，构建了船舶大气污染物和二氧化碳排放系统动力学模型。研究结果表明，系统动力学模型可以用于船舶大气污染物和二氧化碳排放的计算与分析，利用系统动力学方法所构建的船舶废气排放系统动力学模型可以清晰地展示船舶废气排放产生的原因及其与排放有关的外部条件。因此，系统动力学可以作为船舶排放监管的重要支撑技术。

第 6 章

完善我国船舶排放监管政策的措施建议

船舶大气污染物和温室气体排放控制的重要性日益凸显，排放控制区的设立为减少和降低船舶大气污染排放发挥了重要作用，这也是我国首次设立的针对水运行业的区域性大气污染监管控制政策。作为新生事物，排放控制区政策能否得到有效落实，将直接影响我国船舶大气污染排放治理的效果。环境的外部性决定了环境污染防治存在市场失灵，单纯依靠治理手段不能从根本上解决船舶大气污染物和温室气体排放带来的问题，客观上要求环境治理工作要以政府为主导，无论是采用市场经济手段还是行政法律手段，政府对企业的监管都是基础和核心，健全的监管机制可以有效降低环境污染损失带来的风险，在各种环境保护政策的贯彻实施中发挥关键作用。

通过前文仿真分析可知，政府监管成本、政府技术投入、政府补贴、低硫燃油使用成本、第三方服务商技术水平显著影响船舶减排系统内各方的策略选择和系统整体发展。研究结果表明：当外部变量调整至一定范围内，可以实现政府适度监管，充分发挥第三方服务商优势作用，可使航运企业守法守规率维持较高水平的较优状态。

6.1 完善船舶低硫燃油供应保障

通过前文仿真结果可知，低硫燃油成本是直接且显著影响航运企业行为选择的重要因素。2020 年 1 月 1 日起，根据国际海事组织规定，航运业将禁止使用硫含量超过 0.5%m/m 的燃料。随着全球限硫令的正式启动，低硫燃料油需求量将迅速增长，市场缺口巨大，低硫燃油供应面临较大压力，当低硫燃油的供应不足时，航运企业的使用低硫燃油的成本将不断升高。

据国家海事组织、国际能源署、美国能源信息署等机构统计，亚太市场对于船用燃油的需求增长最为显著，亚太地区已成为全球最大的船用燃油消费市场。由于生产低硫燃油须改造原有工艺流程，增加脱硫工序，且需要安排单独的储运系统，不同于其他炼化产品。同时，低硫燃油只可作为船舶燃油销售，存在炼油工艺复杂、生产成本高、销售渠道单一问题，而且目前船用燃油的税费较高，都严重制约了国内炼油企业的积极性，导致国内低硫燃油供应不足。当航运企业的受油诉求无法得到满足，则会采取对抗策略。保障合规船用低硫燃油供应是当前时期控制船舶大气污染和温室气体排放的关键所在。

6.1.1　加快建立船舶低硫燃油供应制度

加强低硫燃油供应的制度设计，引导国内燃油生产商生产合规的船舶低硫燃油。国内船用低硫燃油供应不足的问题并不是由于生产能力不足所导致的，而是由于市场内劣质调和油价格优势大、存在数量众多，导致燃油市场整体价格维持在较低水平，生产合规燃油经济效益较低，甚至可能亏损，因此企业缺乏生产的积极性。政府应规范市场管理，淘汰不合规产品，恢复船用燃油合理价格区间，供给能力将得到提升；同时，疏通"生产-销售-使用"各方信息渠道，保障符合标准的船舶低硫燃供应，维护开放、公平、健康、有序的船舶燃油流通市场秩序。

6.1.2　加大低硫燃油生产技术研发

由仿真结果可知，低硫燃油和高硫燃油的价格差是航运企业违规排放的利益驱动点，系统对这一数值的变化敏感度极高。使用违规燃料节省的投入可看作是航运企业通过违法违规的收益，为追求自身利益最大化则具有较强的违法违规动机。船用低硫燃油的关键是控制硫含量和油品黏度等指标，在现有国内生产基础上，炼油企业需要改造工艺流程，增加脱硫工序，导致低硫燃油生产工艺较为复杂，这也在一定程度上造成低硫燃油成本较高。要集聚油品领域资源力量，改良低硫燃油的生产技术，通过优化工艺技术和推广研发成果应用，生产质量好、损失小、效益高的高品质燃油，加大低硫燃油市场供应，有效减少低硫燃油与高硫燃油的价格差，可显著降低航运企业违规排放的动机。

6.2　完善健全船舶排放监管机制

6.2.1　完善船舶排放监管投入机制

通过仿真结果可知，技术投入显著影响系统发展。当技术投入增加40%的时候，航运企业采取完全执行政策的策略，违规情况完全消失。技术监管是提升监管效力的必要手段和最佳途径，技术的提升需要加大研发投入。在统筹利用政府与市场的作用，加大财政支持力度的同时，采取多种方式吸纳社会多方参与其中，引入社会资本，注意区分不同渠道资金支持重点，发挥好财政资金的引导和带动作用，向船舶排放监管技术研发和成果转化应用投入倾斜，鼓励将资金用在监管检查技术手段的研发升级和改造上，逐步完善政府财政主导、多方参与的多元化投入机制。

6.2.2　建立船舶大气污染物联防联治的综合决策机制

由于大气具有流动性、扩散性等特点，大气污染通常也是跨区域性发生的，且是动态变化的。大气污染的自身特点以及环境因素致使船舶排放的检查、监督、治理和控制各个环节都存在较大难度，这在客观上要求对船舶大气污染物和温室气体进行联防联控。船舶大气污染物的预防和控制问题是一个综合的系统工程，涉及交通运输部、国家发展和改革委员会、生态环境部、国家市场监督管理总局等多个部门和行业协会，远海航行船舶可能还涉及外交事务，建议建立和完善船舶大气污染物联防联治的综合决策系统，推动建立全国层面跨部门、跨区域的船舶大气污染物的统筹协调和综合决策机制，以统筹规划船舶大气污染物防治政策的制定与实施。

6.2.3　建立船舶排放监管检查长效机制

部分航运企业对环境保护的意识不高，只顾自身利益不顾社会利益，在一定程度上影响了排放控制区政策的实施和船舶大气污染防治工作的效益和质量。这就要求政府加强监管系统和监管技术的科学性、有效性，从加强船用燃油"生产-销售-使用"等各个环节着手，加大船舶排放事中、事后监管检查力度，提高抽查比例，提高监管系统的稳定性和覆盖率，监控已建成和运营的船舶污染控制设施，加大对违法违规排放船舶的惩罚力度。

6.2.4　充分发挥海事管理部门职能作用

船舶大气污染治理由海事管理部门、环保管理部门等共同承担，涉及渔业船舶时又有农业管理部门参与，涉及船舶燃油领域时又有国家能源局、国家市场监督管理总局等多个部委共同参与，这在管理或执法过程中则可能存在着职责的交叉重叠，容易导致部分工作多头管理或管理缺位等现象。海事管理部门是交通运输综合管理部门中主管海事的执行部门，是航运的管理者，应充分发挥海事管理部门牵头作用，运用其综合协调、督促指导、监测检查和行政执法权，加强与相关部门协作配合，建立监管信息通报制度，畅通监管部门之间的信息沟通渠道，完善监管信息的社会公开制度，与各部门、全社会共同促进航运业经济健康稳定发展。

6.3 加快制定船用燃油国家标准

我国已经制定了许多与大气保护和污染防治相关的法律制度，例如《大气污染防治法》《海洋环境保护法》《环境保护法》《气象法》，以及《防治船舶污染海洋环境管理条例》《船舶水污染物排放控制标准》（GB 3552—2018）、《大气污染物综合排放标准》（GB 16297—1996）等，有关加强船舶营运环境的规划和管理、防治船舶大气污染的规定参见其中，这些已出台的法律法规、标准规范与我国签署的相关国际公约共同构建了船舶排放控制的法律体系框架。

新修订的《大气污染防治法》提出船舶大气污染物和温室气体排放协同控制的原则，并就船舶污染物排放领域进行了较大补充及修改，明确船舶与机动车不得超过规定标准排放大气污染物，限制了高排放、高油耗船舶的生产销售以及进出口，同时鼓励节能环保和使用清洁能源的船舶发展，但是缺少明确细化、规范的船舶排放国家标准，制度的缺失或缺乏可操作性仍将导致船舶尾气的超标排放。

建议加快制定船用燃油国家标准，以《大气污染防治法》为核心，相关法律、法规、标准为依据和参照，同时要与相关国际公约对标对表，遵循我国签署的双边、多边协定及国际公约，与现行的全球船舶排放控制区相关指标做好接轨，针对不同类型船舶主体、不同排放物类型、不同区域范围等方面，加快制定一套全面细致、统一规范、可操作性强，且与其他法规标准有机衔接的船舶大气排放控制国家标准，为监管检查提供技术依据。

6.4 提升监管检查技术手段

监管检查技术水平直接影响监管工作效力。我国环渤海（京津冀）、长三角、珠三角三个排放控制区靠港船舶每年约 1000 万艘次，按照欧盟有关国家对于船舶燃油抽查率不得低于4%的标准，仅这个三个区域每年需抽查数十万艘船舶，基于现有技术人员力量及监测检查技术手段，这一工作量是极不现实的。由于大气污染问题自身的动态复杂特性，一线工作人员对于船舶大气污染物和温室气体排放的持续、跟踪取证困难，且对于先进的监测检查设备和技术手段掌握不足，工作人员执业能力水平有待提升，多方面因素综合导致监管检查工作难易高质量完成，监管检查能力和效率受到严重制约。通过前文仿真研究发现，第三方服务商的引入、增加技术投入，都将极大限度地缓解技术落后造成的监管乏力，有助于航运企业守法守规率的提高。

6.4.1　探索引入第三方服务商

政府通过购买服务模式引入第三方服务商，委托其对航运企业进行监督，第三方服务商依照相关法律法规和标准规范，对船舶排放企业开展监管检查，检查结果对海事管理部门负责。通过第三方服务商提供的技术支持以及掌握的先进技术手段辅助，航运企业排放数据等相关基础信息被整合加工，作为一手资料提供给海事管理部门，海事管理部门在此基础上，可深入了解航运企业排放特点和违法违规情况，可使执法环境更具针对性、更加精细化，有助于监管效能的提高。

6.4.2　推动船舶排放监管技术革新

积极争取高校和科研机构等技术储备雄厚的社会力量广泛参与船舶排放监管技术的研发，海事管理部门与其开展项目合作，加大船舶排放控制区监管关键技术的研究力度和投入力量，开展船舶燃油合规性遥测监管研究，改进完善技术手段，更新升级检测设备，提高监管覆盖率、登船油样抽检的准确性，通过升级检测技术手段和水平促进监管效果的有效提升。

6.5　建立有效的经济激励措施

通过前文仿真分析发现，改变政策激励费用对航运企业决策有明显影响，政府适当提高政策激励费用，可以促进航运企业执行政策，推动政策的顺利落地。如果船舶排放防治政策的出台，导致了企业运营成本增加，而政府未合理引导，企业则不会主动采取相应的排放控制措施。因此海事管理部门有必要改进和完善相关机制，发挥财政政策的激励作用。仿真分析结果表明：海事管理部门的检查率随补贴费用的增加而逐渐降低；航运企业的违法违规率随着补贴费用增加先提高后减少，逐渐稳定至 14%，部分既有航运企业可能依然"执意违规"，提高补贴费用并不能改变这些航运企业的"违法违规"策略，海事管理部门应该综合采取提供改造津贴、加大违规罚款力度以及减免税费等不同的政策激励措施。

6.5.1 增加财政补贴力度

在政策推行初期，政府可对使用符合标准的低硫燃油、靠港使用岸电、液化天燃气（Liquefied Natural Gas，LNG）等清洁能源或者加装船舶尾气排放后处理设施的航运企业加大补贴力度；对开展船用新能源新技术新装备研发的企业、高校、科研院所，加大项目培育和扶持力度，支持船舶大气污染控制项目的技术研发和推广工作。

6.5.2 改革油品税收政策

实施油品优质优税政策，降低或减免生产低硫或超低硫燃料的企业消费税，鼓励企业生产优质低硫船用燃料油。将生产链中的税收更改为流通环节中征收税费，改变炼油企业由于高税费没有动力生产合规的船用燃料，而调和企业提供混合油又不需缴费纳税的现状。区分船用燃料油和普通柴油的税率，鉴于现阶段普通柴油和船用燃油需缴纳相同的消费税（1.2 元/L），但是消费税在船用燃油中所占比例远高于普通柴油，通过减少船用燃料油的税率，实施差别税率，可以有效降低航运企业的运维成本，压缩违规企业的利润空间，提高守法企业的竞争力。

6.5.3 加大违法违规处罚力度

仿真分析发现，通过增加补贴等方式无法改变部分企业违法违规排放的策略选择，因此，海事管理部门在加大鼓励、激励的同时，提升对违法违规企业的处罚力度，提高航运企业违法违规成本。结合船舶排放日常监管和双随机抽查情况，充分发挥第三方服务商的作用力量，在政策初期，加大监管检查力度和频次，严肃查处和严厉打击超标排放船舶，及时向社会公开违法违规排放航运企业名单，公布曝光性质恶劣和影响严重的违法案件。

6.6 强化教育培训和宣传科普力度

从本质来看，一项新政策的实施实际就是一次利益的调整过程，在政策推行过程中势必会触及相关利益方，可能存在阻力使得政策难以有力执行。由于船舶排放控制政策的推行，可能涉及航运企业营运成本的增加，利益受损的企业则有可能选择沉默、反对甚至阻扰政策的实施，加之对其宣传动员不到位，政策对象执行政策的动力不足，都在一定程度上造成政策措施的推进落实难上加上。

6.6.1　提升政策执行主体能力素质

新政策的贯彻落实，一方面取决于政策本身制定的是否科学合理、是否具有较强的可操作性，很大程度上还取决于政策执行主体的业务水平和能力素质，执行人员需要对政策有深刻的认识和理解，要具备较强的业务能力和较强的服务意识。要加强船舶排放监管业务培训教育，对于沿海区域和内河重点区域内船舶排放控制政策的执行主体，进行分阶段、分层次、分岗位业务培训教育，大力推进政策执行主体能力素质建设，促进其业务能力水平的提升。

6.6.2　提升政策对象的法律观念及环保意识

取得政策对象的支持是一项政策能够顺利实施的重要保证，强化政策宣传是有效减少政策执行阻力的方法手段。要切实加大对船舶大气污染防治政策的宣传科普力度，争取船舶排放控制政策对象的理解和支持。充分利用报纸、电视台、广播电台等传统媒体与微博、微信、客户端等新媒体渠道，围绕船舶大气污染与温室气体控制的科学知识、目的意义以及具体措施方法等内容，利用文字、图解、漫画、短视频、html5 等公众喜闻乐见的方式，解读、传播船舶排放控制政策内容及要求，切实增强航运企业、具体工作人员以及社会公众的法律观念，提升其保护生态环境和推进绿色航运发展的自觉意识和行动。充分发挥公众环保监督举报权益，开展对疑似违规事件的举报，鼓励动员人人参与广泛吸收公众积极参与船舶排放控制政策的修改、完善、制定、执行和评估中来，营造全民关注大气环境、关心大气环境、改善大气环境良好舆论氛围。

━ 本 章 小 结 ━

本章根据前述章节的研究结果，提出了针对我国现阶段船舶排放控制政策的改进建议，主要包括以下几个方面。

（1）完善船舶低硫燃油供应保障。加大低硫燃油生产技术研发，加快建立船用燃油供应制度，疏通"生产-销售-使用"各方信息渠道，保障符合标准的船舶低硫燃油供应。

（2）完善健全船舶排放监管机制。完善投入机制，加大财政支持力度的同时，采取多种方式吸纳社会资本。充分发挥主管部门牵头作用，推动建立全国层面跨部门、跨区域的船舶大气污染物的统筹协调和综合决策机制。加大对船舶大气污染物控制政策执行情况的监管检查力度，建立船舶排放监管的长效机制。

（3）加快制定船用燃油国家标准。以《大气污染防治法》为核心，加快制定全面、细致、统一、可操作性强，且与其他法规标准有机衔接、与相关国际公约对标对表的船舶大气排放控制国家标准。

（4）提升监管检查技术手段。引入第三方服务商对船舶排放企业开展监管检查。大力推进和开展船舶排放控制区监管检查技术研发，通过升级检测技术手段和水平促进监管效力的有效提升。

（5）建立有效的经济激励措施。加大对守法守规的航运企业补贴力度，在加大鼓励激励的同时，提升对违法违规航运企业的处罚力度，提高航运企业违法成本。改革油品税收政策，发挥财政政策的激励作用。

（6）加强船舶排放控制监管业务培训教育，提升政策执行主体能力素质。强化宣传科普力度，提升航运企业等政策对象的法律观念及环保意识，营造良好舆论氛围。

参 考 文 献

[1] CARLTON J, DANTON S, GAWEN R, et al. Marine exhaust emissions research programme[R]. London: Lloyd's Register Engineering Services, 1995.

[2] CORBETT J J, FISCHBECK P S, PANDIS S N. Global nitrogen and sulfur inventories for oceangoing ships[J]. Journal of Geophysical Research: Atmospheres, 1999, 104(D3): 3457-3470.

[3] ENDRESEN Ø, SØRGÅRD E, SUNDET J K, et al. Emission from international sea transportation and environmental impact[J]. Journal of Geophysical Research: Atmospheres, 2003, 108(D17).

[4] 王征, 张卫, 彭传圣, 等. 中国近周边海域船舶排放清单及排放特征研究[J]. 交通节能与环保, 2018, 14(1): 11-15.

[5] 付洪领. 我国船舶污染气体排放现状分析与防治措施[J]. 中国水运, 2014(6): 40-41.

[6] 彭传圣, 赫伟建. 我国减少船舶大气污染物排放政策工具选择[J]. 水运管理, 2014, 36(9): 6-9, 12.

[7] 彭传圣. 我国实施控制船舶大气污染物排放强制性政策措施的时机选择[J]. 水运管理, 2016, 38(2): 1-3, 19.

[8] 史湘君. 议防治船舶大气污染现状及对策[J]. 世界海运, 2016, 39(2): 53-56.

[9] 方平, 陈雄波, 唐子君, 等. 船舶柴油机大气污染物排放特性及控制技术研究现状[J]. 化工进展, 2017, 36(3): 1067-1076.

[10] 鲁罗兰. 船舶在港污染物及温室气体减排政策的比较研究[D]. 武汉: 武汉大学, 2017.

[11] 文元桥, 耿晓巧, 吴贝, 等. 区域船舶废气减排的系统动力学建模研究[J]. 环境科学与技术, 2017, 40(7): 193-199.

[12] 王小亮. 内河船空气污染物排放控制方案[J]. 上海船舶运输科学研究所学报, 2017, 40(1): 24-26.

[13] 王芹, 赵来军, 曾丽君, 等. 港口船舶大气污染治理的博弈分析[C]//AEIC Academic Exchange Information Centre(China). Proceedings of 2018 4th International Conference on Humanities and Social Science Research(ICHSSR 2018)(Advances in Social Science, Education and Humanities Research VOL.213). Dordrecht: Atlantis Press, 2018: 63-66.

[14] 刘振兴, 唐付波. 浅析防止船舶大气污染措施及海事监管[J]. 航海, 2018(1): 43-45.

[15] 卢志刚, 洪文俊, 郑静珍. 我国船舶尾气污染物排放现状与对策[J]. 绿色科技, 2018(2): 53-54, 58.

[16] 王延龙. 2013 年中国海域船舶排放对空气质量的影响及其不确定性分析[D]. 广州: 华南理工大学, 2018.

[17] 李彦敏. 船舶污染防治现状及治理措施[J]. 中国水运, 2019(8): 97-98.

[18] 柯淑珠, 周竹军. 我国船舶大气污染防治现状与问题探讨[J]. 中国海事, 2019(8): 18-21.

[19] 张爽, 张硕慧, 李义良. 船舶温室气体减排措施及对我国的影响分析[J]. 中国航海, 2010, 33(3): 69-72.

[20] 陈志. 从履行国际公约的角度谈我国船舶温室气体减排策略[J]. 中国水运, 2011(6): 48-49.

[21] 陈玮. 国际航运船舶温室气体减排措施及应对建议[J]. 水运管理, 2011, 33(6): 15-17.

[22] 林浩然, 郑立娟, 周碧峰. 减少船舶温室气体排放政策建议[J]. 珠江水运, 2014(7): 65-68.

[23] 陈影. 国际碳减排机制下我国海运业低碳发展 SD 模型[D]. 大连: 大连海事大学, 2015.

[24] 里玉洁, 高光强. 船舶碳排放 MRV 技术探析[J]. 船舶, 2018, 29(S1): 1-7.

[25] 胡琼, 周伟新, 刁峰. IMO 船舶温室气体减排初步战略解读[J]. 中国造船, 2019, 60(1): 195-201.

[26] 邢辉. 船舶废气排放量化问题研究[D]. 大连: 大连海事大学, 2017.

[27] 李成. 中国非道路移动源排放及未来趋势研究[D]. 广州: 华南理工大学, 2017.

[28] 肖笑, 李成, 叶潇, 等. 内河船舶大气污染物排放特征实测研究[J]. 环境科学学报, 2019, 39(1): 13-24.

[29] 樊志远, 江文成. 船舶低碳技术未来发展重点方向[J]. 中国船检, 2019(7): 70-73.

[30] 张雪. 船舶大气污染物评价方法研究[D]. 武汉: 武汉理工大学, 2010.

[31] 洪文俊, 董文杰, 赵桃桃, 等. 船舶大气污染物控制技术评价体系构建研究[J]. 中国水运 (下半月), 2018, 18(2): 121-122.

[32] 常敬州, 朱国金, 陈浩. 船舶大气污染物排放监视监测技术研究[J]. 航海, 2017 (3): 48-52.

[33] 侯宇. 船舶大气污染之法律规制[J]. 山东科技大学学报 (社会科学版), 2017, 19(5): 52-60.

[34] 袁雪, 童凯. 中国船舶大气排放协同控制的法律规制探析[J]. 中国海商法研究, 2017, 28(2): 30-40.

[35] 李慧, 王婧. 海运温室气体减排全球性问题研究[J]. 中小企业管理与科技 (下旬刊), 2019(3): 126-128.

[36] FORRESTER J W. Industrial dynamics: a major breakthrough for decision makers[J]. Harvard business review, 1958, 36(4): 37-66.

[37] 王继峰, 陆化普, 彭唬. 城市交通系统的 SD 模型及其应用[J]. 交通运输系统工程与信息, 2008, (03): 83-89.

[38] 张建慧, 雷星晖, 李金良. 基于系统动力学城市低碳交通发展模式研究——以郑州市为例[J]. 软科学, 2012, 26(4): 77-81.

[39] 魏淑甜. 基于系统动力学方法的二氧化硫排污权交易政策效应评价[D]. 青岛: 山东科技大学, 2007.

[40] 李阳, 张兆同. 基于系统动力学的水污染问题研究[J]. 安徽农业科学, 2010, 38(34): 19491-19495.

[41] 赵越. 基于系统动力学的新立城水库农业非点源污染控制政策效应评价[D]. 长春: 吉林大学, 2010.

[42] 关华. 能源—经济—环境系统协调可持续发展研究[D]. 天津: 天津大学, 2012.

[43] 秦翠红, 郭秀锐, 程水源, 等. 基于系统动力学的三峡库区流域水污染控制模拟[J]. 安全与环境学报, 2012, 12(5): 29-33.

[44] 荣绍辉, 王莉, 刘春晓. 系统动力学在水污染控制系统中的应用研究[J]. 生态经济, 2012(4): 30-34.

[45] 唐建荣, 郜旭东, 张白羽. 基于系统动力学的碳排放强度控制研究[J]. 统计与决策, 2012, 357(9): 63-65.

[46] 贺芬芳. 交通运输业节能减排系统动力学模型研究[D]. 大连: 大连海事大学, 2015.

[47] 罗冬林. 区域大气污染地方政府合作网络治理机制研究[D]. 南昌: 南昌大学, 2015.

[48] 周雄勇. 基于系统动力学的福建省节能减排政策仿真研究[D]. 福州: 福州大学, 2016.

[49] 魏贤鹏, 朝鲁, 战秋艳, 等. 基于系统动力学的城市道路交通污染控制问题研究[J]. 数学的实践与认识, 2017, 47(23): 117-126.

[50] 吴萌. 武汉市土地利用碳排放分析与系统动力学仿真[D]. 武汉: 华中农业大学, 2017.

[51] 李智江, 唐德才. 北京雾霾治理措施对比分析——基于系统动力学仿真预测[J]. 科技管理研究, 2018, 38(20): 253-261.

[52] 刘魏巍, 李翔. 基于系统动力学的浙江省物流业碳减排策略分析[J]. 物流技术, 2018, 37(09): 6-12.

[53] 侍剑峰. 基于系统动力学的中国碳排放峰值预测及应对策略研究[D]. 保定: 华北电力大学, 2018.

[54] 敬爽. 区域大气污染协同治理的影响因素研究及动态演化分析[D]. 重庆: 重庆理工大学, 2019.

[55] KIM D H, KIM D H. A system dynamics model for a mixed-strategy game between police and driver[J]. System Dynamics Review: The Journal of the System Dynamics Society, 1997, 13(1): 33-52.

[56] 郑士源. 基于系统动力学的两厂商投资微分博弈模拟[J]. 上海海事大学学报, 2006(4): 70-74.

[57] SICE P, MOSEKILDE E, MOSCARDINI A, et al. Using system dynamics to analyse interactions in duopoly competition[J]. System Dynamics Review: The Journal of the System Dynamics Society, 2000, 16(2): 113-133.

[58] 蔡玲如, 曾伟, 王红卫. 环境污染博弈问题的系统动力学模型[J]. 计算机应用研究, 2009, 26(7): 2465-2468.

[59] 蔡玲如, 王红卫, 曾伟. 基于系统动力学的环境污染演化博弈问题研究[J]. 计算机科学. 2009(8): 234-238, 257.

[60] 殷倩. 海洋污染模拟与控制决策支持系统建模研究[D]. 青岛: 中国海洋大学, 2010.

[61] 翟惠琳. 基于系统动力学的海洋陆源污染控制策略研究[D]. 青岛: 中国海洋大学, 2015.

[62] 张勇. 基于系统动力学的污水治理企业战略发展研究[D]. 武汉: 华中科技大学, 2016.

[63] 常建伟, 赵刘威, 杜建国. 企业环境行为的监管演化博弈分析和稳定性控制——基于系统动力学[J]. 系统工程, 2017, 35(10): 79-87.

[64] 王伟. 基于演化博弈和仿真分析的土地重金属污染规制策略研究[D]. 南昌: 江西财经大学, 2017.

[65] 王其藩. 系统动力学[M]. 2009 年修订版. 上海: 上海财经大学出版社, 2009.

[66] FORD A. 环境模拟——环境系统的系统动力学模型导论[M]. 唐海萍, 史培军, 译. 北

京: 科学出版社, 2009.

[67] PIGOU A C. The Economics of Welfare[M]. London: Palgrave Macmillan, 2013.

[68] 薄贵利. 中央与地方关系研究[M]. 吉林: 吉林大学出版社, 1991.

[69] 张维迎. 博弈论与信息经济学[M]. 上海: 上海三联书店, 上海人民出版社, 1996.

[70] 约翰 海萨尼. 海萨尼博弈论论文集[M]. 郝朝艳, 等, 译. 北京: 首都经济贸易大学出版社, 2003.

[71] LESSARD S. Long-term stability from fixation probabilities in finite populations: new perspectives for ESS theory[J]. Theoretical population biology, 2005, 68(1): 19-27.

[72] SUZUKI S, AKIYAMA E. Evolutionary stability of first-order-information indirect reciprocity in sizable groups[J]. Theoretical population biology, 2008, 73(3): 426-436.

[73] SMITH J M. The theory of games and the evolution of animal conflicts[J]. Journal of theoretical biology, 1974, 47(1): 209-221.

[74] SMITH J M, PRICE G R. The logic of animal conflict[J]. Nature, 1973, 246(5427): 15-18.

[75] V. NEUMANN J. Zur theorie der gesellschaftsspiele[J]. Mathematische annalen, 1928, 100(1): 295-320.

[76] V. NEUMANN J, MORGENSTERN O. Theory of Games and Economic Behavior[M]. third edition. Princeton: Princeton University Press, 1953.

[77] ENTEC UK LIMITED. Quantification of Emissions from Ships Associated with Ship Movements between Ports in the European Community[R]. 2002.

[78] ENTEC UK LIMITED. UK ship emissions inventory[R]. 2010.

[79] ICF INTERNATIONAL. Current methodologies in preparing mobile source port-related emission inventories[R]. 2009.

[80] STARCREST CONSULTING GROUP LLC. Port of Los Angeles inventory of air emissions-2013[R]. 2013.

[81] IVL. Methodology for Calculating Emissions from Ships: 1.Update on Emission Factors[R]. 2004.

[82] SUN X, TIAN Z, MALEKIAN R, ET AL. Estimation of vessel emissions inventory in Qingdao port based on big data analysis[J]. Symmetry, 2018, 10(10): 452.

[83] CALIFORNIA AIR RESOURCES BOARD. 2005 Oceangoing Ship Survey Summary of Results[EB/OL]. (2015-9-24)[2024-11-19]. http://www.arb.ca.gov/regact/marine2005/appc.pdf.

[84] EPA. Proposal to Designate an Emission Control Area for Nitrogen Oxides, Sulfur Oxides and Particulate Matter[R]. 2010.

[85] STARCREST CONSULTING GROUP LLC . Port of los angeles inventories of air emissions-2011[R]. 2012.

[86] EPA. Analysis of Commercial Marine Vessels Emissions and Fuel Consumption Data[R]. 2000.